21世纪高等学校数字媒体艺术专业系列教材

上海外国语大学基金资助教材

U0186472

数字音频与视频技术

微课视频版

宋云娟　　　　　　　主　编

丁　翔　孙　瑾　黄永丽　刘洁韵　副主编

清华大学出版社

北京

内容简介

本书全面介绍数字音频与视频技术的基础知识和基本技能，将 Adobe 公司的四大应用软件整合进一本教程，内容精炼，重点突出。全书共 5 章：第 1 章为数字媒体概述，着重介绍数字媒体的基本概念和原理；第 2～5 章分别为 Adobe Photoshop 数字图像处理、Adobe Audition 音频编辑、Adobe Premiere 数字视频制作和 Adobe After Effects 影视后期，重点介绍各软件的核心功能及综合应用技巧。

本书适合作为高等院校"信息技术""数字媒体技术""影视后期特效"等课程的教材，也适合广大音视频制作爱好者自学参考。

图书在版编目(CIP)数据

数字音频与视频技术：微课视频版/宋云娟主编. —北京：清华大学出版社，2023.12(2025.1重印)
21 世纪高等学校数字媒体艺术专业系列教材
ISBN 978-7-302-65033-1

Ⅰ. ①数…　Ⅱ. ①宋…　Ⅲ. ①数字音频技术－高等学校－教材 ②数字视频系统－高等学校－教材　Ⅳ. ①TN912.2 ②TN941.3

中国国家版本馆 CIP 数据核字(2023)第 231937 号

责任编辑：郑寅堃　薛　阳
封面设计：刘　键
责任校对：韩天竹
责任印制：丛怀宇

出版发行：清华大学出版社
　　　网　　　址：https://www.tup.com.cn，https://www.wqxuetang.com
　　　地　　　址：北京清华大学学研大厦 A 座　　　邮　　编：100084
　　　社 总 机：010-83470000　　　邮　　购：010-62786544
　　　投稿与读者服务：010-62776969，c-service@tup.tsinghua.edu.cn
　　　质量反馈：010-62772015，zhiliang@tup.tsinghua.edu.cn
　　　课件下载：https://www.tup.com.cn，010-83470236
印 装 者：三河市君旺印务有限公司
经　　销：全国新华书店
开　　本：185mm×260mm　　　印　张：19　　　　　字　　数：460 千字
版　　次：2023 年 12 月第 1 版　　　　　　　　印　　次：2025 年 1 月第 2 次印刷
印　　数：1501～2500
定　　价：69.90 元

产品编号：089954-01

◀◀　　　**前　言**

随着数字媒体技术的迅猛发展,数字音视频技术已成为一门应用广泛的学科,并已渗透到社会的各个领域,成为人们获取信息和发布信息的有效手段,日益影响着大众的生活方式。本书以数字音频与视频技术的四大应用软件为主线,全面介绍数字音视频技术的基础知识和综合应用技巧,注重理论与实践的结合,以期读者能学以致用,创作出高质量的音视频作品。

全书共5章,内容由浅入深。第1章着重介绍数字媒体技术的发展、基本概念和原理;第2章围绕数字图像的基本原理和处理技术,展开介绍 Adobe Photoshop 应用;第3章介绍应用 Adobe Audition 获取途径,编辑、处理数字音频的方法和音频效果器技术;第4章重点介绍 Adobe Premiere 的应用技巧,特别是关键帧动画和视频特效技术,综合应用图像、音频和视频等素材设计视频作品;第5章主要介绍应用 Adobe After Effects 进行影视后期特效和动画的创作,并提供丰富的实验案例和素材。本书用作教材讲授时,教师可根据学生的专业及课时等情况对内容适当取舍。

本书由宋云娟任主编,丁翔、孙瑾、黄永丽、刘洁韵任副主编,由华东师范大学陈志云副教授和华东政法大学刘琴副教授主审。黄永丽完成第1章内容的编写,丁翔完成第2章内容的编写,宋云娟完成第3章内容的编写,宋云娟和刘洁韵共同完成第4章内容的编写,孙瑾完成第5章内容的编写。

为了便于教学,本书配有教学大纲、教学课件、学习素材、微课视频等教学资源,供读者查阅。

在本书的编写过程中,参考了多部优秀的教材及相关文献资料,参阅过程中受益匪浅,在此向前辈们表示诚挚的感谢!在出版过程中,得到了清华大学出版社的大力支持,借此机会向出版社表示衷心的感谢!

信息技术的发展日新月异,且鉴于编者水平,书中难免存在疏漏和不足之处,敬请读者及各位专家指教。

编　者
2023 年 9 月

随书资源

目 录

第1章 数字媒体概述

1.1 认识数字媒体

数字媒体(Digital Media)通常是指以二进制数的形式获取、记录、处理和传播信息的载体,这些载体包括数字化的文字、图形与图像、声音、动画和视频影像等感觉媒体,以及表示这些感觉媒体的编码,也可以包含存储、传输、显示感觉媒体和编码的实物媒体。

数字媒体技术是实现数字媒体的表示、记录、处理、存储、传输、显示和管理等各个环节的软硬件技术。数字媒体技术起源于20世纪80年代。1984年,Apple公司在更新换代的Macintosh个人计算机上使用基于图形界面的窗口操作系统,并在其中引入位图概念进行图像处理,随后增加了语音压缩和真彩色图像系统,使用Macromedia公司的Director软件进行多媒体创作,成为当时最好的多媒体个人计算机。数字媒体技术的出现,标志着信息技术一次新的革命性的飞跃。

1.2 数字媒体处理系统

数字媒体处理系统由硬件系统和软件系统组成。数字媒体的硬件系统包括支持各种媒体信息的采集、存储和展现所需的外部设备,如声卡、视频卡、显示器、大容量外存储设备和各种数字媒体输入/输出等设备。数字媒体的软件系统包括支持多媒体设备工作的操作系统,采集、创作和处理各类媒体的工具和软件。本书主要对数字音视频相关媒体的软件系统进行介绍和讲解。

1.3 数字媒体元素

数字媒体元素在计算机数字媒体技术中扮演着重要的角色,主要包括文本、图形与图像、声音、动画和视频影像。

1. 文本

文本是以文字和各种专用符号表达的信息形式,是现实生活中使用最多的一种信息存储和传递方式。文字文本的基本形式包括无格式和有格式两种。无格式文本的字符大小是固定的,文本中仅能按一种形式和类型使用,不具备排版功能。常用无格式文本生成的文件扩展名为TXT,也称为纯文本文件。有格式文本中,文字可显示为各种字体、尺寸及色彩,文本可进行编排,文件扩展名因应用程序而异。

计算机中8位(bit)作为一个字节(Byte),一个字节能表示的最大数字是255,最早只有

127个字符被编码到计算机中,包括大、小写英文字母,数字和一些常用符号,如大写字母 A 的编码是 65,小写字母 a 的编码是 122。由于不同国家语言不同,就有了各自的编码标准。例如,我国早期制定了 GB2312 编码(6763 个汉字),现今使用的 GBK 编码(21 886 个汉字和图形符号),用两个字节表示一个汉字,在装有中文 GBK 编码的设备上才能正常显示中文。由于各国编码标准不同,导致全球信息共享时会出现乱码的情况,随后 Unicode 万国码便应运而生,将所有语言统一到一套编码规则里,用 16 位即两个字节表示一个字符,能容纳全世界的所有语言文字,是一种国际标准字符编码方法。乱码问题消失,新的问题又出现:如果文本都是英文,用 Unicode 编码比 ASCII 编码需要多一倍的存储空间,在存储和传输上都是浪费。本着节约的精神,针对 Unicode 的一种编码传输规范"可变长度字符编码"UTF-8(Unicode Transformation Format)产生:英文占用一个字节,汉字占用三个字节。这样,若传输的文本包含大量英文字符,用 UTF-8 编码能节省不少空间。其次,由于 UTF-8 编码中的第一个字节仍与 ASCII 码相容,早期的软件只需做少部分修改,便可继续使用。因此,UTF-8 已逐渐成为电子邮件、网页等应用中优先采用的编码。

2. 图形与图像

图的数字化可分为图形数字化和图像数字化两大类,图形与图像在电子设备中的存储方式是不同的。

图形也叫矢量图(Vector Graphic),是由计算机绘制的几何图形,如直线、曲线、矩形、圆或曲面等。矢量图保存的内容是一组描述点、线、面等几何图形的大小、形状、位置、维数等属性的指令集合,通过专门的软件读取描述图形的指令,再转换为输出设备上的形状和颜色。因此,图形文件的数据量较小,清晰度与显示分辨率无关,适用于描述轮廓简洁、色彩不是很丰富的对象,适用于工程图纸、图形设计和标志设计等。常用的图形格式有 AI、CDR、DXF、EPS 和 WMF 等。

图像也叫位图图像(Bitmap),是由扫描仪、数字照相机、摄像机等输入设备捕捉的真实场景画面产生的映像,数字化后以位图形式存储。像素是位图的基本数据单位,即由空间上离散且具有不同颜色和亮度的像素构成,每个像素由若干位二进制进行存储,二进制位数的多少决定其能表现的颜色数量,位数越多,则图像的分辨率越高,质量越好,文件的数据量也越大。位图图像文件的数据量较大,图像质量与分辨率有关,适合表现层次和色彩比较丰富、包含大量细节的图像。常用的图像文件格式有 BMP、JPEG 、PNG、TIF 和 GIF 等。其中,GIF 格式文件可以在一个文件中同时存储多张图像数据,形成动图效果。

矢量图形与位图图像可以转换,要将矢量图形转换成位图图像,只要在保存图形时,将其保存格式设置为位图图像格式即可;但反之则较困难,要借助其他软件来实现。

3. 声音

计算机产生的声音主要有两种途径:一种是通过数字化录制直接获取,另一种是利用声音合成技术实现,后者是计算机音乐的基础。声音合成技术使用微处理器和数字信号处理器代替发声部件,模拟出声音波形数据,然后将这些数据通过数模转换器转换成音频信号并发送到放大器,合成出声音或音乐。计算机的音频处理包括声波、语音和音乐三种类型。

声波可以记载以任何方式产生的可闻声音。声音通过话筒输入后,都可以通过模拟/数字转换成为数字波形文件,文件中包含的是模拟声音的采集数据。与采样所得的数字声音质量有关的参数有采样分辨率、采样速率。采样分辨率即采样位数,是指表示瞬间声波幅度值的二进制数的位数,采样位数越多,分辨率越高,失真度越小,录制和回放的声音就越真实。采样速率即采样频率,必须高于最高模拟音频信号的 2 倍以上,如 22.05kHz、44.1kHz、48kHz,采样速率越高,音质越真实,采样频率决定音质清晰、悦耳及噪声的程度。

语音是指与字、词、句等与人类语言内容有关的记录方式。语音合成技术是通过计算机或类似的专门装置,将文字信息实时转换为标准流畅且具有高自然度的语音。

音乐是指与乐器的音符、音节、音调内容有关的记录方式。在计算机中,MIDI 音乐被称为电子音乐,是乐器数字接口(Musical Instrument Digital Interface)的简称,是各种电子乐器之间以及电子乐器与计算机之间的统一交流协议。MIDI 文件容量十分小巧,存储着一些指令,包括音符、音色、时间码、速度、调号、拍号、键号等乐谱指令,把这些指令发送给声卡,再由声卡按照指令将声音合成并演奏出乐曲。

计算机中的数字音频文件可分为波形音频、CD 音频和 MIDI 音乐等形式。不同的编码方式生成不同的文件格式,比较常见的音频文件格式有 MP3、WAV、MIDI、WMA、RA、CDA、OGG 和 AIFF 等。

4. 动画和视频影像

计算机动态图像又分为动画和视频影像。动画和视频影像之间的界限并不能完全确定,习惯上将应用计算机软件或绘画方式生成的动态图像称为动画,通过电子设备拍摄得到的动态图像称为视频影像。

动画是利用人眼的视觉暂留特性,当帧速率达到 12 帧/秒以上时,可以产生连续运动变化的图形图像。在动画中,常应用缩放、旋转、变换和淡入/淡出等特殊效果,将抽象的内容形象生动地表现出来。动画由人工或计算机生成的图形序列构成,分为帧动画和造型动画两种。帧动画由图形或画像序列构成,序列中的每幅图像称为一个“帧”。造型动画分别对每个对象进行特征设计,再由各个具有个性化的对象组成完整画面,将对象按一定要求经过实时转换后形成连续的动画。动画又可以分为二维动画和三维动画,三维动画效果更加逼真。常见的动画文件格式有 MOV 和 SWF 等。

视频影像具有时序性和丰富的信息内涵,每帧图像为实时获取的自然景物图像,常用于交代事物的发展过程。视频影像有模拟和数字两种形式。传统的视频信号是模拟形式的,计算机视频是基于数字信号的。要使计算机具有实时编辑、处理、存储和显示视频图像的前提是安装相匹配的多媒体硬件和软件。计算机视频所产生的信号量很大,视频每秒的数据量为帧速率乘以单帧数据量。如果一幅图像的数据量为 1MB,帧速率为 30 帧/秒,那么 1 秒的视频数据量为 30MB。视频影像的数据量大,在数据的存储、传递和应用方面有许多不便,故压缩存储和解压回放是计算机视频技术的关键性技术。视频影像文件格式十分丰富,现今比较流行的数字视频文件格式有 MP4、MOV、MPG、WMV、AVI 和 RM 等。

1.4　数字媒体数据压缩技术

随着数字媒体技术和计算机网络技术的发展,音频和视觉媒体数字化后庞大的数据量使数据压缩技术成为一个极为重要的研究领域,也促进了数据压缩相关技术与理论的研究和发展。

1.4.1 数字媒体数据的特点

数字音视频媒体数据具有相当庞大的数据量,数据中间尤其是相邻数据之间,常存在着相关性。例如,图像画面在空间上存在大量相同的色彩信息,被称为空间冗余;在视频影像中,相邻两帧画面之间存在大量相似的影像数据,声音信号具有一定的规律性和周期性,被称为时间冗余;众所周知,人类的感官并不能感受所有的色彩和声音信号,这就产生了感官冗余信息。这些冗余信息的存在,使数据压缩成为可能,可利用某些变换尽可能地去除这些相同的数据冗余成分。

1.4.2 数字媒体数据压缩方法

数据压缩的实质是在无失真或允许一定失真的情况下,在质量能满足要求的前提下,用尽可能少的数据表示信源所发出的信号。通过对数据的压缩减少数据占用的存储空间,从而减少传输数据所需的时间,减少传输数据所需信道的带宽。数据压缩方法种类繁多,可以分为无损压缩和有损压缩两大类。

1. 无损压缩

无损压缩方法利用数据的统计冗余进行压缩,可完全恢复原始数据而没有任何失真。无损压缩的压缩率受到数据统计冗余度的理论限制,一般为 2:1~5:1。这类方法广泛应用于文本数据、程序和特殊应用场合的图像数据(如指纹图像、医学影像等)的压缩。受压缩比的限制,仅使用无损压缩方法不可能解决图像和数字视频的存储和传输的所有问题。常用的无损压缩方法有 Shannon-Fano 编码、Huffman 编码、游程(Run-length)编码、LZW 编码(Lempel-Ziv-Welch)和算术编码等。

2. 有损压缩

有损压缩方法广泛应用于图像、声音和视频数据的压缩,主要利用人类感官对图像和声波中某些频率成分不敏感的特性,允许压缩过程中损失一定的数据信息,减少数字媒体数据在内存和存储介质中的占用空间,获得较大的压缩比。有损压缩虽不能完全恢复原始数据,但损失的部分数据对理解原始信号的影响较小,如 JPEG 图像、MP3 音乐和 MP4 视频都采用了有损压缩的方法,而其优秀的品质广受用户青睐。在数字媒体应用中,常用的有损压缩方法有 PCM(脉冲编码调制)、预测编码、变换编码、插值和外推法、统计编码、矢量量化和子带编码等,混合编码是近年来广泛采用的方法。新一代的数据压缩方法,如基于模型的压缩方法、分形压缩和小波变换方法等也已接近实用化水平。

衡量一个压缩编码方法优劣的重要指标为:压缩比、压缩与解压缩速度和算法的复杂程度。优秀的压缩方法要求压缩比要高,有几倍、几十倍,也有几百乃至几千倍的;压缩与解压缩速度要快;算法要简单,硬件实现容易,解压还原后的质量要好。

2.1　Photoshop 简介

　　Adobe Photoshop 是一款著名的图像处理软件,发布于 Windows 和 macOS 平台,至笔者编写本书时,已发布到 2021 版。作为学习者,精准地理解 Photoshop 在多媒体制作中的定位十分重要。关于 Photoshop 的主要功能与适用领域,如表 2-1 所示。

表 2-1　Photoshop 的主要功能与适用领域

主 要 功 能	适 用 领 域
图像处理	Photoshop 的专长在于对图像加工处理,而不是图形创作。图像处理是对已有的位图图像进行编辑加工处理以及运用一些特殊效果;图形创作软件是按照自己的构思创意,使用矢量图形等来设计图形
平面设计	平面设计是 Photoshop 应用最为广泛的领域,无论是图书封面,还是招贴画、海报,这些平面印刷品通常都需要 Photoshop 软件对图像进行处理
广告摄影	广告摄影作为一种对视觉要求非常严格的工作,其最终成品往往要经过 Photoshop 的修改才能得到满意的效果
影像创意	影像创意是 Photoshop 的特长,通过 Photoshop 的处理,可以将不同的对象组合在一起,使图像发生变化
网页制作	网络的普及促使更多人去应用 Photoshop,网页制作需要 Photoshop 处理网页图像
后期修饰	在制作三维场景的建筑效果图时,人物与配景,包括场景的颜色常需要在 Photoshop 中增加并调整
视觉创意	视觉创意与设计是设计艺术的一个分支,此类设计通常没有非常明显的商业目的,但由于它为广大设计爱好者提供了广阔的设计空间,越来越多的设计爱好者开始学习 Photoshop,并进行具有个人特色与风格的视觉创意
界面设计	界面设计是一个新兴的领域,受到越来越多软件企业及开发者的重视。当前还没有专业做界面设计的软件,故绝大多数设计者使用 Photoshop

　　因此,Photoshop 处理图像的重点在于对已有图形图像素材进行优化和整合。

2.1.1　数字图像基础

微课视频

　　用手机拍摄一张照片,再回看这张照片,此时,已经有许多图像的基本知识包含在里面了。如果用一个放大镜观看手机屏幕,可以看到许多由红色、绿色和蓝色构成的小点,这些红绿蓝小点构成了图像的最基本单位即像素。现在的主流手机基本上都是全高清屏幕,意味着手机以纵向 1920px、横向 1080px 来展现手机的屏幕。每像素能展现一点颜色,这些颜色点以纵向 1920、横向 1080 组合在一起,形成人们能够感知的宏观图像,这就是数字图像。像素与数字图像的关系,如图 2-1 所示。

6

一个彩色像素可以看作红、绿、蓝三盏
灯。例如,观察上海外白渡桥的装饰灯,可以
看到在一个碗口直径的管子里装有红、绿、蓝
三盏灯。当这三盏灯都熄灭时,就是黑色;当
红色灯完全点亮时,就是红色;如果红色灯和
绿色灯同时完全点亮,将看见黄色,这就是三
原色。这三盏灯是有亮度级别的,如红色灯
不亮是 0,完全点亮是 255,255 正好是 2^8-1。
此时,红色灯有 256 种亮度,恰好是 2^8,对应

图 2-1　像素示意图

一个字节单位的最大取值范围,绿色灯和蓝
色灯也一样。三原色的亮度等级互相搭配,使像素能产生各种颜色。如红色灯全亮记为
255,绿色灯亮一半记为 127,蓝色灯不亮记为 0,此时人们将感受到橙色。由于红、绿、蓝每
个灯都有 2^8 种亮度,这类图像也叫 8 位图像。最常见的 jpg 格式图像就是 8 位,每一像素
支持的颜色数量为 256^3 种,比人类能够识别的 700 万种颜色要多。另一个问题出现了,那
就是颜色的映射,把 1600 万种颜色放到人眼能识别的 700 万种颜色上,这就是媒体处理中
重要的调色环节,在 2.7 节有详细阐述。8 位图像的 1600 万种颜色映射到 700 万种人类视
觉可感知的颜色,其可调整的空间还是比较小的。目前,许多数码相机底片的图像位数是
14 位,即 14 个二进制位表达原色的亮度等级,可以产生 43 980 亿多种颜色,具有更大的颜
色调整空间。

　　具有相同分辨率的手机屏幕尺寸大小(屏幕对角线的长度)也各不相同,有的 6.5 英寸,
有的 5.5 英寸(1 英寸=2.54 厘米)。那是否就意味着每英寸的像素数量不一样呢?于是就
有了像素密度的概念,即每英寸有多少像素,单位是 ppi。在中文版 Photoshop 中,"像素密
度"被译为"分辨率"。工业上,有一些常用的像素密度取值如 72ppi,这是海报的像素密度。
在该像素密度下,1920×1080 分辨率的图像能够打印到一张大于 A4 纸的媒介上,远看能识
别图像所表达的事物,近看则可见明显的像素轮廓,此时画面很模糊;如大于或等于 300ppi
的图像,则表示每英寸至少有 300px,人们将无法区分像素的轮廓,此时画面非常细腻,打印
彩色照片一般都应达到该像素密度。

2.1.2　从设计师的角度理解 Photoshop

微课视频

　　假设从来没有平面媒体设计软件诞生过,平面设计师在向软件开发人员描述对软件界
面的需求时,该怎样提出专业的需求方案呢?首
先,把自己的计算机桌面清空,让它干净一些,这
是工作空间。同其他 Windows 桌面程序一样,
命令应作为菜单置于工作空间左上角的菜单栏;
命令对应的操作参数置于选项栏,如图 2-2 所示。

　　设计师需要一张画布来完成设计,需要一个
"新建"命令,弹出"新建画布"对话框,如图 2-3
所示。

　　此时,需要设置该画布的尺寸。告诉计算机

图 2-2　常见桌面风格的程序界面

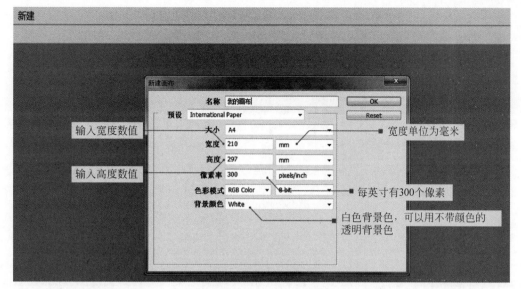

图 2-3 "新建画布"对话框

该画布实际打印的大小,如以 mm 为单位或以 px 为单位。还应根据作品的用途选择合适的"色彩模式",RGB 颜色和 CMYK 颜色是比较常用的颜色模式。例如,彩色电子图像即图像像素通过屏幕发光原理产生颜色,应选择"RGB 颜色"。"CMYK 颜色"模式是一种印刷模式,其中四个字母分别指青(Cyan)、洋红(Magenta)、黄(Yellow)、黑(blacK),在印刷中代表四种颜色的油墨。CMYK 模式在本质上与 RGB 模式没有什么区别,只是产生色彩的原理不同,在 RGB 模式中由光源发出的色光混合生成颜色,而在 CMYK 模式中由光线照到有不同比例 C、M、Y、K 油墨的纸上,部分光谱被吸收后,反射到人眼的光产生颜色。由于 C、M、Y、K 在混合成色时,随着 C、M、Y、K 四种成分的增多,反射到人眼的光会越来越少,光线的亮度会越来越低,故 CMYK 模式产生颜色的方法又被称为色光减色法。图像的位数,如 8 位则表示画布中每像素颜色的明暗最大等级为 2 的 8 次方即 256,位数大小直接影响数字图像的品质和容量。背景颜色即画布的背景颜色,如果不需要背景颜色,则可以选择"透明"背景。当新建好画布后,把素材置入画布,素材图像会堆叠在一起,上面的素材会挡住下面的素材,每个素材在一个图层上,鼠标单击"图层"面板上的某个图层,图层即处于高亮选中状态,表示作为当前图层进行操作,如图 2-4 所示。

选中图层后,可对该图层做进一步的操作,如移动、缩放对象等。在菜单中有一个"缩放"命令,对选中的图层对象进行缩放。在实际应用中,有精准缩放和感性缩放两种。"选项栏"显示精确的缩放参数值,设定宽度或高度变化的百分比值,如图 2-5 所示。如果图像大小的缩放不需要十分精准,只需选中图层对象的控制点进行拖动,即能感性地缩放图层对象的大小,缩放的程度也会同步显示在选项栏中,如图 2-6 所示。如果要成比例缩放对象的宽和高,可以单击选项栏中的 ▣ 按钮,以锁定对象的宽高比。

除了缩放图像,还可以把其他常见的变换操作结合起来。常见的图像变换操作如表 2-2 所示,包括图像的旋转、斜切、变形等操作。在选项栏中增加角度或在图像控制点上增加相关控制点,可通过顺时针或逆时针拖曳鼠标的方式完成,如图 2-7 所示。

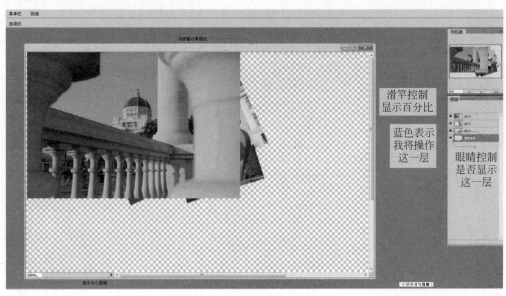

图 2-4　图层管理面板与导航器

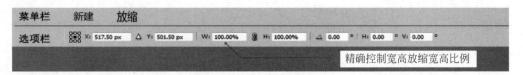

图 2-5　缩放操作的选项栏

图 2-6　缩放操作的控制点

表 2-2　常见的图像变换

图像变换方式	变换结果演示	变换说明
旋转		图像以中心点进行平面旋转

图像变换方式	变换结果演示	变 换 说 明
斜切		图像四条边产生角度和大小的变化
弯曲		图像四条边产生曲线变化
水平镜像		图像呈水平镜像进行翻转
垂直镜像		图像呈垂直镜像进行翻转

图 2-7　其他常见图像变换操作的鼠标手势

　　将这些变换图像的命令集中在一起，就组成为"变换"命令的合集。这些命令都属于对图像的编辑，故与"复制""粘贴"等命令形成了"编辑"菜单，如图 2-8 所示。

　　前面展示的软件不是 Adobe Photoshop。我们可以把拥有类似界面和基础功能的图像处理软件称作 GIMP，这是 Linux 操作系统下一个开源专业图像处理软件的名称。以上就是从设计师的角度来看一个专业媒体处理软件所需要的基本功能。本书将采用 Adobe Photoshop 2020 进行介绍，其界面如图 2-9 所示。

9

图 2-8 "编辑"菜单

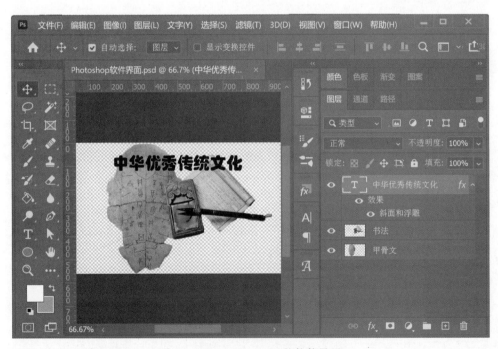

图 2-9 Photoshop 2020 的软件界面

微课视频

2.1.3 像素的三原色与三间色

从图形图像的原理出发,利用 Photoshop 模拟实现像素三原色来表达任意颜色作为切入点,对系统学习 Photoshop 图像处理会更有帮助。在掌握 Photoshop 常规操作的同时,进一步理解数字图像的知识,对未来学习掌握 Photoshop 的通道、特效、调色等环节具有很大帮助。

首先,利用 Photoshop 新建画布命令创建一幅 RGB 颜色模式、8 位、黑色背景的画布,其他参数任意。在 Photoshop 的工具箱中选择"椭圆工具",如图 2-10 所示。

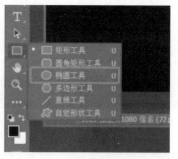

单击"椭圆工具"后,Photoshop 的选项栏即显示椭圆工具的相关选项,选项的设定和含义与其他常用桌面程序的选项栏相同,设定项以图标辅以悬停文字示意,当鼠标移动到上方时,显示该设置的文字含义,设置的结果显示在对应的选项中。单击使用"椭圆工具"绘制一个红色正圆形,"椭圆工具"的选项栏依次设置为:"工具模式"为"形状";"填充"为红色;"描边"为无颜色,设置后显示为

图 2-10 调出"椭圆工具"

描边: ⧈;描边的像素、线型、W 宽度和 H 高度为系统默认;"路径操作"为默认即新建图层,设定后显示为 ▣。选项栏设置的最终结果如图 2-11 所示。

图 2-11 设定椭圆工具选项栏

将鼠标指针移动到画布的合适位置,拖曳绘制一个椭圆,在拖曳过程中按住 Shift 键,可以绘制正圆形,"图层"面板记录绘制的形状图层为"椭圆 1"。可以使用工具箱中的"移动工具" ✛ 将红色圆形移动到画布中央,如图 2-12 所示。

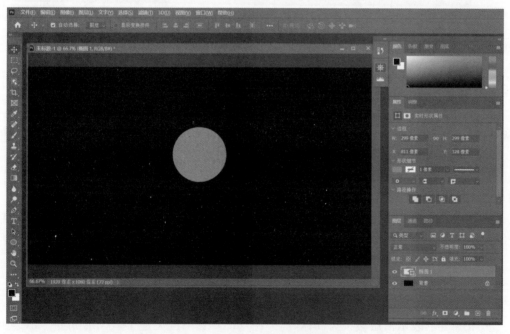

图 2-12 画布上绘制红色圆形

在"图层"面板中,右键单击红色圆图层,选择"复制图层"命令复制该图层,红色圆图层需复制两次。对于形状图层,双击"图层缩览图"图标 🔳,打开"拾色器"对话框,改变调色板的颜色,就能改变对应形状的填充颜色。调色板颜色的设定也可以直接输入颜色 RGB 代码。在 RGB 的栏目中,输入 R、B 均为 0,G 为 255,就是正绿色。同理,设置正蓝色的圆,输入 R、G 均为 0,B 为 255,如图 2-13 所示。

图 2-13　调整形状的颜色

双击"图层"面板中的图层名称,将其重命名为对应圆的颜色。需要注意的是:Photoshop 图层一栏,位置虽小,但在不同位置单击鼠标,会产生不同的操作,如图 2-14 所示。再使用"移动工具"将绿色圆和蓝色圆拖动,排列成三个圆堆叠的状态,最终结果如图 2-15 所示。

单击 ❶ 这里隐藏显示图层
双击 ❷ 缩览图如果是形状会调出调色板
双击 ❸ 名称改变图层名
双击 ❹ 空白处调出图层样式

图 2-14　图层栏操作

图 2-15　红绿蓝三个圆形互相堆叠

最后,设置图层的混合模式。图层的混合模式在"图层"面板左上方,每个图层都有各自的混合模式,默认为"正常",表示该图层就像一张贴纸,图像会遮挡下方的图层。图层的混合模式设置为"滤色",则表示该图层被视作光线。如果选中"蓝"图层,把图层的混合模式设置为"滤色",表示蓝色的圆即蓝色的光线,而蓝色圆外围是透明的,没有任何光线,如图 2-16 所示。

在 Photoshop 2020 中,图层混合模式分为 6 个组,一共有 27 种模式,如图 2-17 所示。其中,前三组混合模式与数字图像的原理密切相关。

图 2-16　图层模式设定

- 正常组:表示图层被视为固体,如果图层的不透明度设定为 100%,则完全不透明,不会与下方图层产生任何图层运算。
- 变暗组:把图层视作颜料,图层上有颜色的区域会吸收对应颜色之外的光线。其中,"正片叠底"是基础的颜料吸收算法。
- 变亮组:把图层视作光线,图层上有颜色的区域就是对应的光线。其中,"滤色"是基础的光线混合算法。

依次将红、绿、蓝三个形状图层的混合模式设置为"滤色",则完成三原色像素产生的演示,红、绿、蓝三个圆的相交部分,就是这个实验中模拟像素产生的颜色。如果把绿色圆的 G 值由 255 更改为 127,则会发现红绿相交处的颜色呈现出橙色,红绿蓝相交处的颜色呈现粉色。改变红、绿、蓝三个圆的颜色范围,可以在红、绿、蓝三个圆相交的中心,形成任何所需要的颜色,如图 2-18 所示。

使用三原色展示颜色,是以显示器发光显色为基础的颜色模式,称为"RGB 颜色模式"。在这种模式下,默认不发光时,为黑色背景色,即显示器关闭,所有像素对应的原色灯全部熄灭,故看起来是黑色。除了 RGB 颜色模式外,还有一种原色颜色的混合模式,CMYK 印刷四补色模式:白色的纸张,在自然光的照射下进行漫反射,并反射出全部的自然光,故形成肉眼能看见的白色,当白色纸张上喷涂了某种染料,这种染料能够让纸张染色部分吸收所有的红色颜色信息,此时将看到青色 C,其对应的 RGB 颜色信息是 $R=0, G=255, B=255$;类似的染料还有吸收绿色颜色信息的洋红色 M,对应 RGB 颜色信息 $R=255, G=0, B=255$;以及吸收蓝色颜色信息的黄色 Y,对应 RGB 颜色信息 $R=255, G=255, B=0$。由此可见,青色 C、洋红色 M、黄色 Y 是一种打印的染料原色,通过控制喷涂在纸张上染料的浓度,形成彩色打印。所以 CYM 三色本质上就是用于打印的"三原色",一般称其为三间色。我们可以继续在上文制作的 RGB 三原色演示基础上,完成三间色的打印像素演示,操作如下。

图 2-17　图层模式设定选项

(1)让画布的背景一半变为白色,使用矩形工具,设定填充色为白色,选中黑色背景图层,在画布右侧绘制一个填满右半部分画布的白色矩形,该矩形位于黑色背景层上,红、绿、蓝三个圆形之下,并命名为"白色背景",如图 2-19 所示。

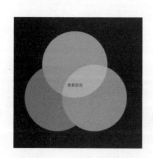

图 2-18　三原色混色示意

图 2-19　图层模式的应用范围

（2）白色背景图层位于红、绿、蓝三个形状图层之下，似乎"遮挡"住了位于白色背景中的红圆和绿圆。产生该现象的原因是红、绿两个图层的混合模式被设置为了"滤色"，表示的是光线。在计算机中，纯白色代表理想状态中的最强光，任何光线在纯白色面前，均显现为白色。所以，白色背景上的红圆和绿圆并不是被遮挡，而是因设置了"滤色"图层混合模式而看不见。同时选中红、绿、蓝三个图层，使用"移动工具"将其移动到左侧的黑色背景上，如图 2-20 所示。

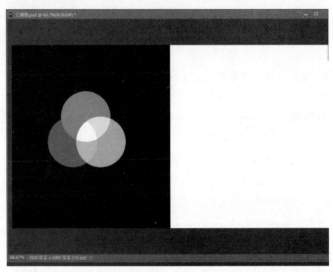

图 2-20 将绿色图层模式的图层移动到黑色背景中

（3）对红、绿、蓝三个图层进行复制，将它们的图层混合模式更改为"正常"，并将其颜色分别更改为青色、洋红色和黄色，同时更改图层名称；再将新的三色圆移动到白色背景上。快速复制红、绿、蓝三个图层的方法是：同时选中三个图层后，按 Ctrl+J 组合键快速复制图层。另外，在多图层同时被选中的情况下，也可同时更改图层的混合模式，这样可以大大提高操作的效率，操作结果如图 2-21 所示。

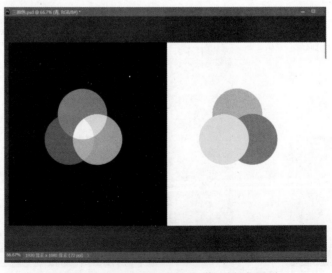

图 2-21 在白色背景下绘制青、黄、洋红色圆形

（4）将青、洋红、黄三个图层的混合模式更改为"正片叠底"，此时完成打印三间色像素的演示，如图 2-22 所示。

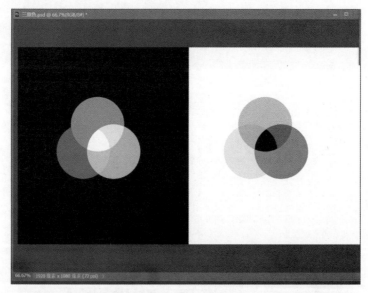

图 2-22　将青、洋红、黄三个圆的图层模式更改为正片叠底

如果将设有"正片叠底"混合模式的青、洋红、黄三个圆移动到黑色背景区域，它们就会消失。因为，黑色表示没有任何漫反射的纯黑，就像把颜料喷涂在黑色的纸张上一样不会有任何效果，类似"滤色"混合模式的对象遇到亮色环境。

2.1.4　图像的分色与合并

理解了像素产生的原理，再从三原色原理出发，将任意一幅数字图像，分光成为只拥有单一原色的分色图像，然后将其还原为彩色图像，并在此基础上实现本章的第一个特效，一种类似于抖音 LOGO 视讯不良时的图像特效。

选择一张主体明确，画面为亮色调的照片，使用 Photoshop 打开。Photoshop 打开常见格式图片的方法较多，常规的方法是使用菜单"文件"→"打开"命令，再选择指定的图片。在本案例中，笔者选用了一张壁灯的照片。在照片上使用"矩形工具"绘制一个红色原色矩形，并覆盖整张照片，如图 2-23 所示。

将红色矩形图层的混合模式设置为"正片叠底"。由于"正片叠底"将红色视作染料，吸收了绿色和蓝色的全部光线，画面就被分色成为只有红色构成的画面，如图 2-24 所示。

将该画面另存为"红色.jpg"图像文件，得到由原照片产生的红色分色图像。用 Photoshop 打开这幅图像，单击工具箱下方的"前景色"按钮，调出"拾色器"对话框，用鼠标在该图像任意位置吸取颜色，发现该图像的 G、B 颜色分量始终为 0，即画面中只有纯红色，如图 2-25 所示。

重新切换到原图，将红色矩形分别更改为绿色和蓝色，得到绿色分色和蓝色分色的图像，并将其分别保存为"绿色.jpg"和"蓝色.jpg"图像文件，再使用 Photoshop 将其打开，结果如图 2-26 所示。

从原始图像获得的三原色分色图像，就是构成彩色图像的要素。在图像 RGB 颜色模式

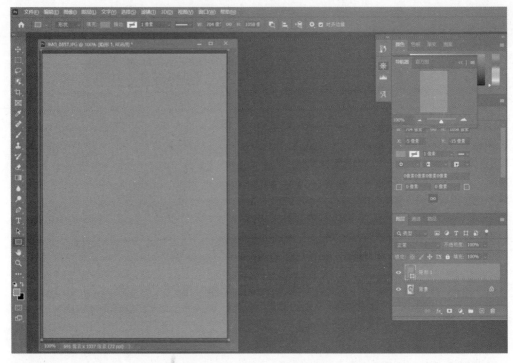

图 2-23　建立红色纯色填充

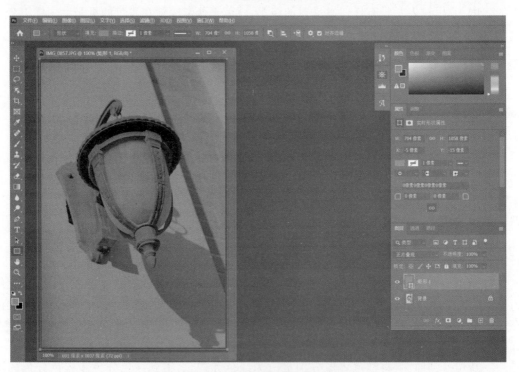

图 2-24　将红色填充图层设为正片叠底

中,被称为原图的红、绿、蓝三通道图像。这个概念十分重要,图像的选区、调色以及很多特效都能以此为基础来实现。其他图像分色的方法,将在 2.3.3 节进行详细阐述。

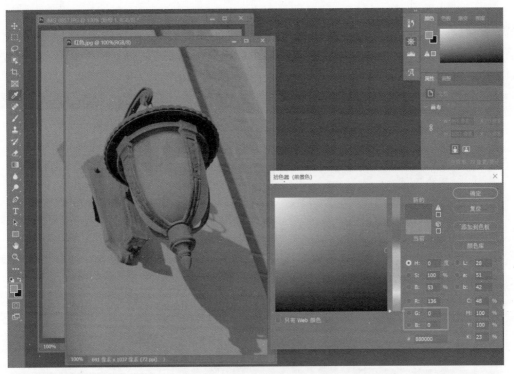

图 2-25　纯红色图像图层示意

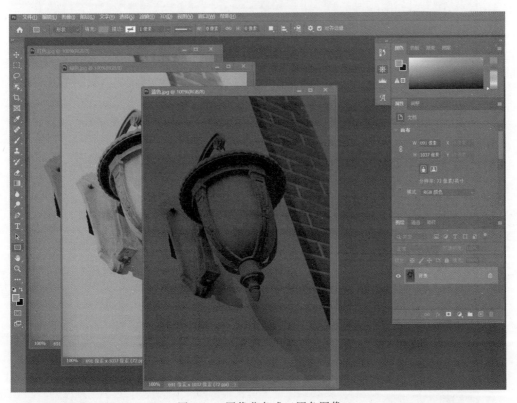

图 2-26　图像分色成三原色图像

第2章　*Adobe Photoshop*数字图像处理 ◄◄

接下来,将三幅分色图像还原为原图,使用"移动工具"单击蓝色图像,将其拖曳到红色图像中,蓝色图像作为一个新图层位于红色图像中。由于蓝色、红色图像均由同一图像产生,所以具有相同的分辨率。默认情况下,蓝色图像所在图层完全覆盖红色图像,执行结果如图 2-27 所示。

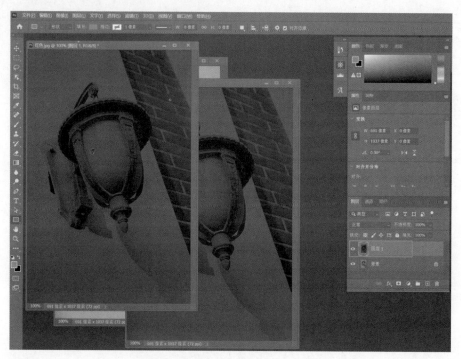

图 2-27 将蓝色分色图像作为图层堆叠在红色分色图像上

类似地,将绿色图像以相同方法拖曳到红色图像上,形成红、绿、蓝三幅原色图像堆叠的形式,如图 2-28 所示。

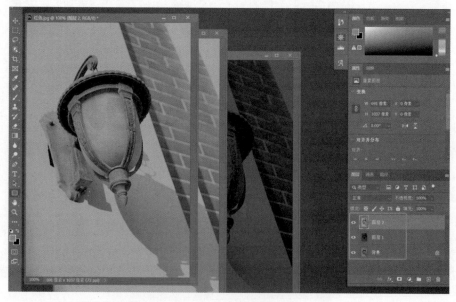

图 2-28 将三原色分色图像堆叠在一起

三幅堆叠在一起的原色图像,就是原图红绿蓝三原色的光,将蓝色、绿色图层的混合模式设置为"滤色",表示为光线,即能还原出原始图像,结果如图 2-29 所示。

图 2-29　将图层模式设为滤色,图像还原为原图

与原始图像不同的是,图像本身由三个分色图层构成,每个分色图层可以自由移动。选择其中任一图层,并做适量位移,即能产生类似抖音 LOGO 视讯不良的效果。如图 2-30 所示,选中绿色图层,并将其向右下方移动一定距离。

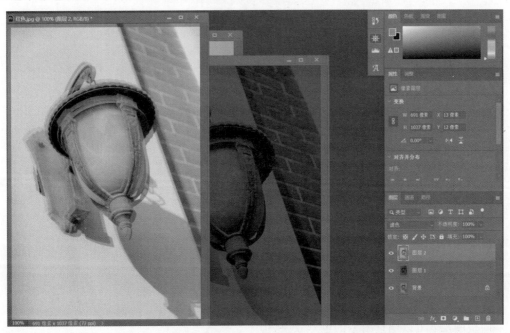

图 2-30　移动任意分色图层,使其产生视讯不良的效果

第2章　Adobe Photoshop数字图像处理

图像的电子信号在传输时,其本质是传输红、绿、蓝三种原色信息。当受到干扰时,就会导致红、绿、蓝三色信息不能同步到显示器上,从而产生视讯不良的视觉效果。

微课视频

2.2 图层的应用

Photoshop 可以将各种素材以图层的方式进行整合处理,本节将详细阐述图层的特性和基本操作方法。

2.2.1 图层的特性

图层是将多个图像对象创建为具有工作流程效果的构建块,就像层叠在一起的透明胶片,可通过图层的透明区域看到下面的画面,多个图层整合成一幅完整的图像。图层具有独立性、透明性和叠加性的特点。图像中的各图层都是独立的,当移动、调整或删除某个图层时,其他图层不受影响;图层可以看作透明的胶片,未绘制图像的区域可看见下方图层的内容;将多个图层按一定次序叠加在一起,通过调整控制各图层的混合模式和透明度等,可以得到千变万化的图像合成效果。在 Photoshop 中,可以创建多种类型的图层,不同的图层类型具有不同的功能和特征,在"图层"面板中的显示状态也各不相同,如图 2-31 所示。

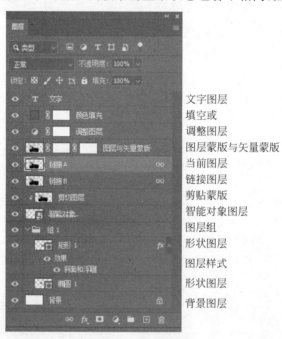

图 2-31　图层的类型

当前图层:当前选择的图层,在对图像进行处理时,编辑操作将在当前图层中进行。

链接图层:保持链接状态的图层,多个链接的图层可进行同步操作。

剪贴蒙版:下面图层中的图像可以控制上面图层的显示范围,常用于图像的合成。

智能对象图层:包含嵌入智能对象的图层。

调整图层:可以调整图像的色彩效果,但不会永久更改像素值。

填充或调整图层:通过填充"纯色""渐变""图案"创建的特殊效果图层。

图层蒙版图层：添加图层蒙版的图层，可以通过对图层蒙版的编辑来控制图层中图像的显示范围和显示方式，是合成图像的常用方法。

矢量蒙版图层：带有矢量形状的蒙版图层。

图层样式：添加图层样式，可以快速创建各种特效。

图层组：用于组织和管理图层，以便查找和编辑图层。

文字图层：使用文字工具输入文字，可创建文字图层。

背景图层："图层"面板中最下面的图层，默认为"锁定"状态。

"图层"面板用于创建、编辑和管理图层，以及为图层添加各种样式，如图 2-32 所示。

图 2-32 "图层"面板

选取图层类型：当图层数量较多时，可在该下拉列表中选择一种图层类型，包括名称、效果、模式、属性和颜色，使"图层"面板仅显示此类图层，其他类型的图层则隐藏。

打开或关闭图层过滤：单击该按钮，可以启用或停用图层的过滤功能。

设置图层混合模式：在下拉列表中，可以选择图层的混合模式。

设置图层不透明度：输入数值或调整滑块，可以设置当前图层的不透明度。

设置填充不透明度：设置当前图层的填充不透明度，与图层的不透明度类似，但不会影响图层效果。

图层锁定按钮：用来锁定当前图层的属性，使其不可编辑，包括锁定透明像素、锁定图像像素、锁定位置、防止在画板和画框内外自动嵌套和锁定全部属性。

眼睛图标：显示眼睛图标的图层为可见图层，处于显示状态；单击即可隐藏该图层，显示为空格形状，隐藏的图层不能进行编辑。

链接图层：用来链接当前选择的多个图层。

图层样式：单击该按钮，在下拉菜单中可选择需要添加的图层样式，为当前图层添加各种特殊效果。

添加蒙版：单击该按钮，即可为当前图层添加图层蒙版。

填充或调整图层：单击该按钮，在弹出的下拉菜单中选择填充或调整图层选项，可以添加填充图层或调整图层。

图层分组：可以创建一个图层组，方便管理图层。

新建图层：单击该按钮，可以新建一个空图层。

删除图层：选择图层或图层组，单击该按钮，可将其删除。

2.2.2 图层的操作与管理

常见的图层管理操作主要包括选择图层、排列图层、分组图层和复制图层等。

1. 选择图层

单击"图层"面板中的图层即可选择相应图层，所选图层即成为当前图层。

选择多个图层：如果要选择多个相邻的图层，可以先在第一个图层上单击，然后按住Shift键单击最后一个图层；如果要选择多个不相邻的图层，可按住Ctrl键单击需要选择的图层。

选择所有图层：执行"选择"→"所有图层"命令，可以选择"图层"面板中除背景图层外的其他所有图层。

2. 复制图层

通过复制图层可以复制图层中的图像。在Photoshop 2020中，不但可以在同一图像中复制图层，还可以在两个不同的图像之间复制图层。在"图层"面板中，将需要复制的图层拖曳到"创建新图层"按钮上，即可复制该图层；当选中图层后，通过右击鼠标，选择"复制图层"命令复制选中的图层；选中图层后，还可以直接按Ctrl+J组合键完成复制图层的操作。

3. 排列与分布图层

"图层"面板中的图层是按照从上到下的顺序堆叠排列的，上方图层中的不透明部分会遮盖下方图层中的图像。如果改变图层的堆叠顺序，图像的效果也会发生相应的变化。

4. 合并与盖印图层

Photoshop对图层的数量没有明确限制，可以创建任意数量的图层。但图像的图层越多，处理项目时所占用的内存和保存文件所占用的磁盘空间也相应越大。因此，必要时可及时合并一些不需要再进行修改的图层，以减少图层的数量。如果要合并两个及两个以上的图层，可在"图层"面板中将其选中，然后执行"图层"→"合并图层"命令，合并后的图层使用最上层图层的名称；如果需要将一个图层与其下方的图层合并，可以选中该图层，然后执行"图层"→"向下合并"命令，或按Ctrl+E组合键完成合并，合并后显示的名称为下方图层的名称；如果要合并图层中的可见图层，可选中所有图层，执行"图层"→"合并可见"图层命令，或按Ctrl+Shift+E组合键，便可将其合并到"背景"图层上，而其他隐藏状态的图层不会被合并。

5. 拼合图层

如果要将所有图层拼合到"背景"图层中，可以执行"图层"→"拼合图像"命令。如果合并时图层中包含隐藏的图层，系统将弹出提示对话框，单击"确定"按钮，隐藏图层则被删除；单击"取消"按钮，则取消合并操作。

6. 盖印图层

所谓盖印图层，就是将多个图层的内容合并到一个新的图层，同时原图层保持完好。Photoshop没有提供盖印图层的菜单命令，但可以通过组合键进行操作。向下盖印：选择一个图层,按 Ctrl＋Alt＋E 组合键,可将该图层中的图像盖印到下面的图层中,原图层内容保持不变。盖印多个图层:选择多个图层,按 Ctrl＋Alt＋E 组合键,可以将它们盖印到一个新的图层中,原图层的内容保持不变。盖印可见图层:选择所有图层后按 Ctrl＋Alt＋E 组合键,可将所有可见图层中的图像盖印到一个新的图层中,原图层内容保持不变。盖印图层组:选择图层组,按 Ctrl＋Alt＋E 组合键,可以将组中的所有图层内容盖印到一个新的图层中,原图层组保持不变。

7. 图层分组

当作品的图层数量达到数十个之后,"图层"面板就会显得非常杂乱。Photoshop 提供了图层组功能,以方便图层的管理。图层与图层组的关系类似于 Windows 系统中的文件与文件夹的关系。图层组可以展开或折叠,也可以像图层一样设置透明度、混合模式,添加图层蒙版,进行整体选择、复制或移动等操作。在"图层"面板中单击"创建新组"按钮,即可在当前图层的上方创建一个空的图层组。双击图层组的名称位置,可以重命名图层组名称。在需要分组的图层上单击并拖动至图层组名称或图标上再释放鼠标,即可将其移入图层组中,完成图层的分组;选中图层组中的图层拖动至图层组的上方或下方并释放鼠标,即可将图层移出图层组。

2.2.3　图层样式

所谓图层样式,实际上就是投影、内阴影、外发光、内发光、斜面和浮雕、光泽、颜色叠加、图案叠加、渐变叠加、描边等图层效果的集合,其本质都是在图层自身轮廓形状上叠加相应的颜色或图案,能高效地将平面图形转换为具有材质和光影效果的立体对象,在图像设计中应用广泛。例如,制作带有凸起感的艺术字,制作有质感的 LOGO 等。在 Photoshop 中,添加图层样式效果主要有以下两种方式:"图层样式"命令和"样式"面板。但是,图层样式不能直接应用于"背景"图层,可将"背景"图层转换为一般图层后,再为其添加图层样式效果。

1. 通过"图层样式"命令

选中图层,单击"图层面板"或"图层"菜单中的相关图层样式命令,打开"图层样式"对话框,包含 10 种不同的图层样式效果。在结构上,"图层样式"对话框可分为三个区域:图层样式列表区、参数控制区和预览区,如图 2-33 所示。图层样式列表区列出了所有的图层样式,如果要同时应用多个图层样式,只需勾选图层样式名称左侧的复选框;如果要对某个图层样式的参数进行编辑,可直接单击该图层样式名称,在对话框中间的参数控制区域显示与之对应的参数选择,再进行设置。同时,在预览区可预览当前所用图层样式的叠加效果。

(1) 投影。

"投影"图层样式给图层对象添加阴影效果,十分常用。选择"图层"→"图层样式"→"投影"命令或单击"图层"面板底部的"添加图层样式"按钮 *fx.*,在下拉菜单中选择"投影"命令,弹出如图 2-34 所示的对话框。图 2-35 是原图像和添加"投影"图层样式后的效果。

在"投影"的"图层样式"对话框中,各参数的意义如下。

混合模式:为阴影选择不同的"混合模式",可使阴影与其底层对象颜色混合后产生不同的效果。单击其右侧的颜色块,可以更改阴影的颜色。

不透明度:调节滑块或输入数值定义投影阴影的不透明度。数值越大,阴影效果越浓;反之,阴影效果越淡。

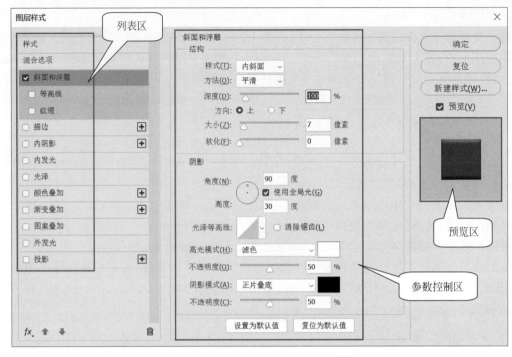

图 2-33　图层样式

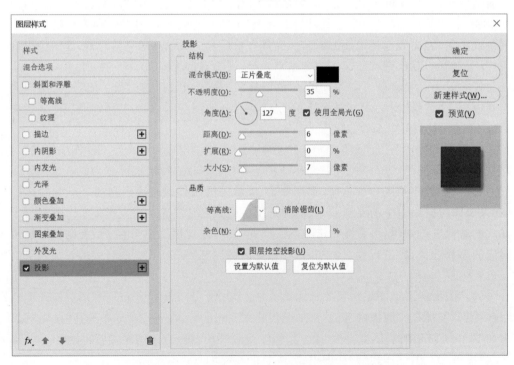

图 2-34　图层样式

勤学苦练　勤学苦练

图 2-35　原图像和增加"投影"图层样式后的效果

角度：拨动角度轮盘的指针或输入数值，可以调整阴影的投射方向。

使用全局光：勾选该选项，当改变任意一种图层样式的"角度"数值时，会同时改变所有图层样式的角度。因此，如果需要为不同的图层样式设置不同的"角度"数值，则取消勾选该选项。

距离：调节滑块或输入数值可以改变阴影的投射距离。数值越大，阴影在视觉上距投影对象越远，其三维空间效果越好；反之，阴影越贴近投射阴影的对象。

扩展：调节滑块或输入数值可改变阴影的投射强度。数值越大，阴影的强度越大，颜色的淤积感越强烈。

大小：该参数控制阴影的柔化程度和大小。数值越大，阴影的柔化效果越明显。

等高线：使用等高线可以定义图层样式效果的不同外观。单击该按钮，弹出如图2-36所示的"等高线编辑器"对话框。在预设中，有十多种不同的"等高线"类型供用户选择，可以制作出不同的外观效果。

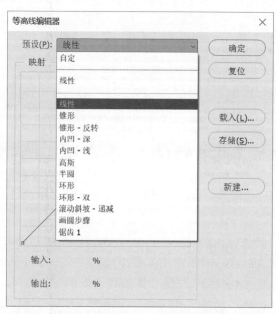

图 2-36 "等高线编辑器"对话框

消除锯齿：勾选此选项，可以平滑"等高线"，使阴影效果更加细腻。

杂色：调节滑块或输入数值，可以为阴影添加杂色效果。

（2）斜面和浮雕。

"斜面和浮雕"图层样式给图层对象添加高光和阴影的各种组合效果，制作立体感的图像。在"结构"的"样式"中，可以选择外斜面、内斜面、浮雕效果、枕状浮雕和描边浮雕五种不同的样式，如图2-37所示。图2-38是原文本和设置了"浮雕效果"样式后的文字效果。

外斜面：沿对象的外边缘创建三维斜面。

内斜面：沿对象的内边缘创建三维斜面。

浮雕效果：创建外斜面和内斜面的组合效果。

枕状浮雕：创建内斜面的反相效果，使对象看起来下沉。

描边浮雕：只适用于描边对象，对边框轻微描绘。

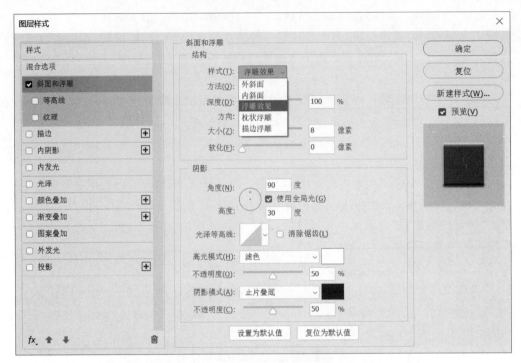

图 2-37　"斜面和浮雕"图层样式

图 2-38　原文本和设置"浮雕效果"样式文字

（3）描边。

"描边"图层样式用颜色、渐变颜色或图案描绘当前图层对象的边缘轮廓，用户可以设置描边的颜色、大小、位置、混合模式、不透明度和填充类型等。对于边缘清晰的文本，这种效果十分明显，图 2-39 是原文本和设置"描边"图层样式后的文字效果。

图 2-39　原文本和设置"描边"图层样式文字

（4）内阴影。

"内阴影"图层样式给图层对象的内边缘添加阴影，让图像产生一种凹陷的外观效果。图 2-40 是原文本和设置"内阴影"图层样式后的效果。

图 2-40　原文本和设置"内阴影"图层样式效果

（5）内发光。

"内发光"图层样式从图层对象的边缘向内添加发光效果。图 2-41 是原文本和设置"内发光"图层样式后的效果。

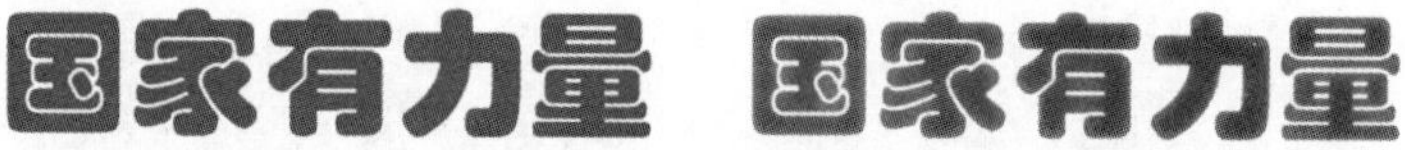

国家有力量　国家有力量

图 2-41　原文本和设置"内发光"图层样式效果

（6）外发光。

"外发光"图层样式从图层对象的边缘向外添加发光效果。图 2-42 是原文本和设置"外发光"图层样式后的效果。

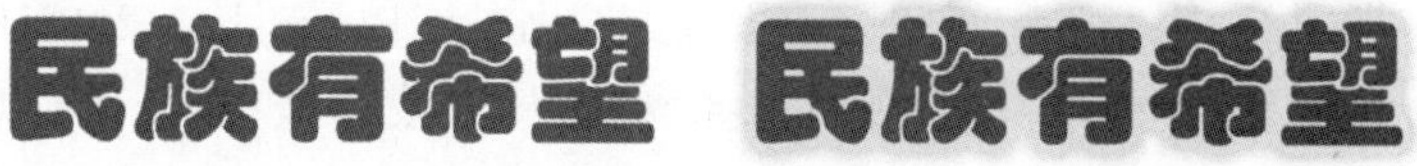

民族有希望　民族有希望

图 2-42　原文本和设置"外发光"图层样式效果

（7）光泽。

"光泽"图层样式给图层对象的内部应用阴影，与对象的形状互相作用，常用于创建光滑的磨光或金属效果。图 2-43 是原文本和设置"光泽"图层样式后的效果。

保家卫国　保家卫国

图 2-43　原文本和设置"光泽"图层样式效果

（8）颜色叠加。

"颜色叠加"图层样式在图层对象上叠加一种颜色。如果选择"正常"混合模式，则不透明度要适当调整，否则原对象将不可见。图 2-44 是原图像和设置"颜色叠加"图层样式后的效果。

图 2-44　原图像和设置"颜色叠加"图层样式效果

（9）渐变叠加。

"渐变叠加"图层样式在图层对象上叠加一种渐变颜色。在对话框的"样式"下拉列表中，可以选择"线性""径向""角度""对称的""菱形"五种不同的渐变类型。图 2-45 是原文本和设置"渐变叠加"图层样式后的效果。

强国有我　强国有我

图 2-45　原文本和设置"渐变叠加"图层样式效果

（10）图案叠加。

"图案叠加"图层样式在图层对象上叠加图案效果。图 2-46 是原文本和设置了"树拼贴"的"图案叠加"图层样式后的效果。

2. 快速样式

Photoshop 包含许多内置样式，用户可以直接应用，故也被称为"快速样式"。

请党放心　请党放心

图 2-46　原文本和设置"图案叠加"图层样式效果

（1）为图层赋予快速样式。

选中一个图层后，单击"窗口"→"样式"命令，打开"样式"面板。单击"样式"面板中的一个样式，即可给该图层快速赋予样式效果。如图 2-47 所示，从上到下第二和第三个文字分别添加了"自然"类中的"木材"和"大理石"样式。另外，在 Photoshop 2020 样式库中，用户单击"样式"面板右上角的"菜单"按钮 ≡，选择"旧版样式及其他"命令，可以载入旧版的内置样式，为设计提供更多方便，如图 2-47 所示。

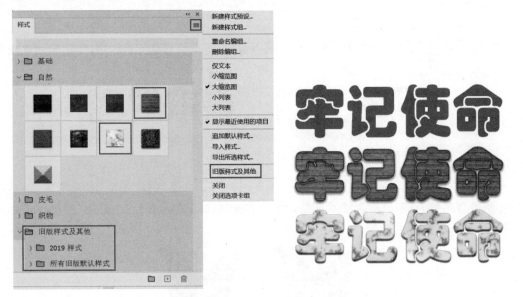

图 2-47　载入旧版的内置样式

（2）存储自定义样式。

用户可以将自己精心设置的样式存储在"样式"面板中，以后可以应用于不同的设计作品中。首先，选中需存储图层样式的图层，在"样式"面板下方单击"创建新样式"按钮 ⊞；然后，在弹出的对话框中输入一个有意义的名称，可勾选"包含图层混合选项"复选框，这样创建的样式将具有图层的混合模式，如图 2-48 所示。单击"确定"按钮后，该样式被添加到"样式"面板，显示于面板的最下方，可被直接应用。如果要删除自定义样式，选中样式后，单击"样式"面板右下角的"删除"按钮 🗑 即可。

图 2-48　存储自定义样式

（3）载入外挂样式库文件。

如果要载入外部的.asl样式库文件,可单击"样式"面板右上角的"菜单"按钮 ▤ ,选择"导入样式"命令,在弹出的"载入"对话框中选择需要载入的样式文件,单击"载入"按钮即可,如图2-49所示。

图2-49　载入外挂样式库文件

3. 图层样式的其他相关操作

正确应用图层样式,可使用户在设计过程中达到事半功倍的效果。在应用样式时,还应掌握以下常用技巧。

（1）图层样式应用于图层组。

图层样式可应用于标准图层、文本图层、形状图层和图层组。对多个图层设置相同的样式时,可将这些图层置于一个图层组中,如图2-50所示。在图层组"5"中共有5个图层,只需选中图层组"5",再添加样式即可应用于组中所有图层。

（2）隐藏或删除图层样式。

在"图层"面板中,单击"效果"左边的眼睛图标 👁 即可隐藏对应的样式。删除图层样式,可在该图层的"效果"上单击鼠标右键,选择"清除图层样式"命令或选中图层后,单击"图层"→"图层样式"→"清除图层样式"命令。如果仅删除众多样式中的一个,可以展开样式列表,将该样式拖曳到"图层"面板右下角的"删除"按钮 🗑 上即可删除该图层样式。

（3）复制和粘贴图层样式。

当已经设置好一个或一组图层样式后,其他图层或其他文件的图层需要使用相同的样式,可通过复制和粘贴图层样式的方法实现,从而减少重复性的操作。首先,选中源图层,右击后选择"拷贝图层样式"命令或单击"图层"→"图层样式"→"拷贝图

图2-50　图层组应用图层样式

层样式"命令,单击目标图层,再右击选择"粘贴图层样式"命令或单击"图层"→"图层样式"→"粘贴图层样式"命令,可快速赋予目标图层完全相同的样式效果。

（4）栅格化图层样式。

使用图层样式能轻松获得各种样式效果，但由于应用样式所获得的颜色效果并非图层数据本身的属性，故各类工具或滤镜并不能进一步改变其外观效果。通过"栅格化图层样式"命令，可将样式转换为图像的一部分，为编辑提供更多灵活性。在"图层"面板中选中该图层，右击，选择"栅格化图层样式"命令即可将图层样式转换为像素图层。

（5）缩放图层样式。

如果一个图层被赋予的样式尺寸与图层对象的尺寸不匹配，则可对该图层样式进行放大或缩小处理。选择"图层"→"图层样式"→"缩放效果"命令，在弹出的"缩放图层效果"对话框中调整"缩放"的百分比值，可改变图层样式的缩放比例。如图 2-51 所示，左边小黄鸭添加了"草"的"图案叠加"图层样式，右边小黄鸭是对左边样式缩放 300％的效果。

图 2-51　缩放图层效果

微课视频

2.3　选区、蒙版与通道

本节将介绍 Photoshop 的选择类工具、常见选区操作、通道与蒙版的原理和知识，以及选区、通道与蒙版三者之间的关系，灵活使用 Photoshop 完成"抠图"操作以及各类由蒙版产生的图像融合特效。采用选择类工具进行图像素材的提取即常说的"抠图"操作，结果是非常有限的。因为其本质是针对图像中某些物件轮廓的临摹，选择类工具能够做到的仅是粗略的临摹，在实际操作中往往不能达到比较理想的效果。真正掌握抠图的技巧，需要同时掌握选区的原理、路径工具以及图层的混合模式，才能够做到游刃有余。

2.3.1　选区的基础操作

选区类工具主要集中在工具箱的上方，由选框工具组、套索工具组和智能选择工具组构成。自 CS2 版本之后，Photoshop 将工具按其功能进行了分组。把鼠标移动到工具组上，长按鼠标左键或右键单击即可展开该工具组。如图 2-52 所示，选择了套索工具组中的"多边形套索工具"。

在 Photoshop 2020 中，选框工具组由"矩形选框工具""椭圆选框工具""单行选框工具""单列选框工具"构成；套索工具组由"套索工具""多边形套索工具""磁性套索工具"构成；智能选择工具组由"对象选择工具""快速选择工具""魔棒工具"构成。所有的选择工具，都有较相似的工具选项条，如图 2-53 所示。

选择工具选项条中最常用的选项是选区的建立模式 ，包括新选区、添加到选取（快捷键 Shift）、从选取减去（快捷键 Alt）和与选区交叉，默认为"新选区"选项。建立选区后，将形成由蚂蚁线构成的选中区域，如果需要新增、减少或相交其他选区，可以使用其他选

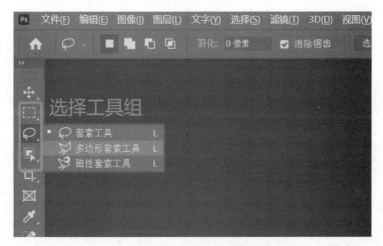

图 2-52 选区工作组

图 2-53 工具选项条

项辅助完成。对于已经建立的选区,在"新选区"状态下,使用任意选择工具在选区外单击,即能取消该选区。"羽化"用于软化选区的边缘,默认为0像素。"消除锯齿"选项,默认为勾选状态,用于消除选区边缘的锯齿。"样式"选项是"矩形选框工具"和"椭圆选框工具"的特有选项,用于设定生成的选区是否具有固定的宽高或固定的宽高比例。"宽度"和"对比度"是"磁性套索工具"的特有选项,"宽度"表示在指定宽度范围进行图像边界的查找,"对比度"是对边界明暗的判断。"容差"是"魔棒工具"的特有选项,是魔棒在自动选取相似颜色时的近似程度,默认容差值为32,容差值越小,只能选择色相较为相近的颜色,自动选取的图像区域越小;容差值越大,选取的颜色区域越广泛,自动选取的图像区域越大。这些选择类工具,可以使用一幅练习图展开学习,如图2-54所示。

图 2-54 选择工具基础练习

选择类工具具有一定的局限性,并不能精确完成第二组和第三组的操作,故对于该练习暂时忽略精准性要求。因此,第一组素材的素材1至素材4使用选框类工具完成比较好,素材 5 可以通过矩形、椭圆形选框搭配选区增减完成;第二组素材可以通过"磁性套索工具"或智能选择工具完成;第三组素材则一般通过智能选择工具完成。

(1) 第一组素材的选择方法。

打开菜单"视图"→"新建参考线",建立两条垂直参考线和两条水平参考线,通过"移动工具"将参考线移动到第一组素材 1 的上下左右四条边上,如图 2-55 所示。

图 2-55　设定参考线

参考线移动的时候,可以使用导航器放大画布,以确保参考线与素材边缘的重合,如图 2-56 所示。

使用"矩形选框工具"从第一组素材 1 的左上角开始往右下角拖曳鼠标指针。由于 Photoshop 参考线具有一定的吸附性,在参考线附近绘制的选区会被吸附到参考线上,至此,第一组素材 1 被高精度地选中,如图 2-57 所示。

同理,第一组素材 2、素材 3 和素材 4 也可以通过设置参考线的方式来完成。但需要注意的是,类似椭圆的形状,参考线应设置在椭圆上下左右四个顶点的切线上,如图 2-58 所示。在使用"椭圆选框工具"时,从参考线相交的左上角往右下角进行拖曳,此时椭圆形选区的上下左右四个顶点与参考线相切。

第一组素材 5 是由一个矩形选区在其左侧减去一个圆形选区,同时在其右侧增加一个圆形选区构成。首先,使水平参考线分别与图像的上边和下边相切,左侧垂直参考线相切于素材最左侧,右侧垂直参考线置于素材矩形边缘与圆形交界的位置,如图 2-59 所示。

绘制出参考线对应的矩形选区后,移动右侧的垂直参考线,使其位于左侧圆的相切处;

图 2-56　缩放画布以便精准设定参考线

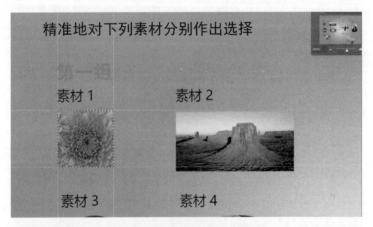

图 2-57　在参考线辅助下绘制选区

图 2-58　椭圆参考线的位置

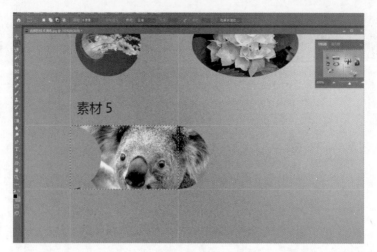

图 2-59　不规则形状参考线位置

使用"椭圆选框工具"从右上角以"从选取减去"选项进行绘制。需要注意的是,参考线只能决定该椭圆选区的右侧和上下两侧,椭圆选区的左侧需要用户进行判断,如图 2-60 所示。

图 2-60　绘制矩形减去圆形的选区

对于右侧增加的圆弧形选区,需将右侧的垂直参考线移动到椭圆形素材的右边界,然后使用"椭圆选框工具"从右上角以"添加到选区"的选项进行绘制,如图 2-61 所示,完成素材 5 的选取。

(2) 第二组素材的选择方法。

第二组、第三组素材并非由简单的矩形和椭圆组合形成,故选框工具组已不再适用,套索工具组中的"磁性套索工具"以及智能选择工具组可以比较轻松地将其选取。由于这些选择类工具具有局限性,即使建立了选区,不可避免会出现边缘毛刺的现象,无法达到高精度的要求,如图 2-62 所示。

事实上,选择类工具建立选区的本质是形状选区的绘制。因此,使用形状类工具进行操作比较合适,这部分内容将在后续章节进行详细阐述。第二组的素材 1 可使用"磁性套索工具"进行选择操作。"磁性套索工具"在第二组素材 1 的任意边缘单击点下第一个关键点,再

图 2-61　绘制矩形增加圆形的选区

慢慢沿着素材边缘移动鼠标指针,每移动一段距离后上一个关键点,并和前一个关键点之间建立一条连线。如果这个关键点未紧贴素材的边缘,可停下鼠标向反方向移动取消。如果鼠标移动幅度比较大,则该错误的关键点无法取消,可通过本次选择结束后,以添加到选区或从选区减去的方式,将少选或多选的区域补足。如果在某一位置,"磁性套索工具"持续无法产生正确的关键点,则可以单击鼠标强行确认该关键点。当"磁性套索工具"描边到与第一个关键点重合,则表示结束选区的建立,再根据先前有失误的选区,以添加或删除选区的方式重复多次进行选择。"磁性套索工具"建立选区的过程如图 2-63 所示。

图 2-62　智能选择工具选区会带有毛边　　　图 2-63　磁性套索的关键点

第二组素材均可以使用"磁性套索工具"完成。理论上,"磁性套索工具"可以在素材边界清晰的情况下,建立比较精确的选区,但工作量较大。使用 Photoshop 2020 新增的"对象选择工具",可直接针对第二、三组素材做出一个选框,在素材边界明确且与背景反差较大的情况下,能直接选中。如针对第二组素材1的选择过程如图2-64所示。

图 2-64 对象选择工具的使用

(3)第三组素材的选择方法。

"对象选择工具"也是有较大误差,如针对第三组素材,使用"对象选择工具"选中的结果会有相当大的误差,可以看到花草边缘的叶子未被正确选中,如图2-65所示。

图 2-65 对象选择工具的误差

使用"魔棒工具"操作的效果会稍微好一些。思路是针对花盆外围比较单一的背景进行选取,再利用选区的反向操作,完成对花盆的选择,具体操作如下。

首先,使用"魔棒工具",在默认"容差"32的情况下,对花盆外围的背景做采样,此时会建立一个选区,如图2-66所示。

在建立花盆外侧选区过程中,需要重点关注花盆边缘的选取情况。可以看到,有部分叶子、花朵被选中了,说明魔棒的"容差"设置过大,故可以适当调小一些。具体参数值可以尝试减半的方法,将"容差"值设为16后再次使用魔棒,结果如图2-67所示。

花朵叶子外围的选区情况明显改善,继续使用该魔棒,以"添加到选区"的方式,将未被选中的外围区域依次选中,如图2-68所示。

图 2-66　魔棒工具建立的选区

图 2-67　魔棒工具增加选区

图 2-68　魔棒工具增加选区

在花盆内部,也有部分属于背景的区域。因此,继续使用"魔棒工具"以"添加到选区"的方式进行选取,如图 2-69 所示。

图 2-69　魔棒工具增加闭合区域的选区

花盆边缘的选区已经建立,离花盆较远未被载入选区的部分,可以使用"矩形选框工具"以"添加到选区"的方式选中,如图 2-70 所示。这样,画布中不属于花盆的部分已被全部载入选区,再执行菜单"选择"→"反选"命令,即可建立第三组素材花盆的选区,如图 2-71 所示。

"魔棒工具"建立选区的方式存在一定的局限性。这样选出的花盆素材,仅能适用于和原背景较相似的新背景中。如果新背景的色调、明暗较原背景有较大差异,抠图产生的毛刺边缘会比较明显,如图 2-72 所示。

图 2-70　为魔棒选区增加其他选择工具的选区　　　　　图 2-71　反向选择

图 2-72　魔棒工具选择的毛边

（4）利用形状类工具辅助建立选区。

　　利用形状类工具完成第二组素材的选取，可以弥补选择类工具建立选区的局限性。形状类工具主要由形状选择工具组、钢笔工具组、文字工具组和形状工具组组成，如图 2-73 所示。

图 2-73　形状类工具

　　当形状类工具建立好形状图层，按住 Ctrl 键并单击形状图层的图标，就能够根据形状图层的轮廓建立选区。如针对第二组素材 2，使用文字工具，以 Impact 字体输入 B，使字母 B 与素材完全重合，如图 2-74 所示。然后，按住 Ctrl 键，单击文字图层的图标 ，即建立字母 B 构成的选区，如图 2-75 所示。

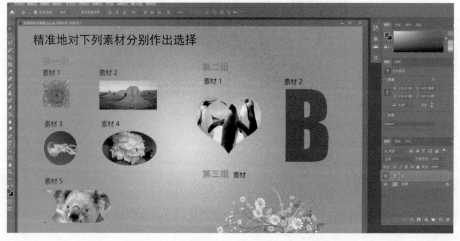

图 2-74　在目标素材上建立同样轮廓的形状

第2章　Adobe Photoshop数字图像处理

图 2-75　将形状转换为选区

对于第二组的素材 1,可在打开"窗口"→"形状"面板,单击 ▤ 按钮后,在弹出的菜单中勾选"旧版形状及其他",如图 2-76 所示。

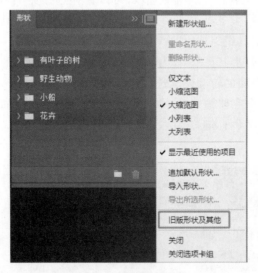

图 2-76　添加旧版形状

在自定义形状工具中找到对应的旧版形状。用户也可以使用"钢笔工具"进行轮廓临摹,能绘制各种复杂的形状轮廓。第三组的花盆素材,可以使用"钢笔工具"精细临摹,"钢笔工具"的具体使用方法请参阅 2.4 节。

2.3.2　深度理解选区的本质

当建立选区后,Photoshop 以黑白交替线条形成的封闭区间表示该选区,这种黑白交替闪烁的线条看起来像蚂蚁在爬行,故也被形象地称为"蚂蚁线",如图 2-77 所示。一旦建立好选区,"选择"菜单中一系列针对选区操作的命令就可以使用了。

蚂蚁线可以非常明确地展示出被选择的图像区域,是一种最直观的选区表示手段。许多初学者误以为选区就是蚂蚁线区域的内容,实际上这是错误的。本节将通过羽化以及保存选区操作,引导读者理解选区的本质——是一幅和原图相同分辨率的"黑白"图像,白色表示选中,黑色表示未被选中,灰色则表示该像素的不透明程度。

1. 羽化选区操作

在 Photoshop 建立选区时,经常可以看到羽化操作。打开任意一张图片,选择选框工具,选项条显示"羽化"参数,其默认值为 0px,现将其更改为 20px,此时该选区的含义如图 2-78 所示。

图 2-77　蚂蚁线示意图　　　　　　　图 2-78　羽化选区示意图

"羽化"操作也可通过先建立一个未设定羽化的选区,再通过菜单"选择"→"修改"→"羽化"来修改选区的"羽化"值。将羽化后的图像数据复制到透明画布上,得到的结果如图 2-79 所示。

图 2-79　羽化选区的结果

因此,羽化选择在选区的蚂蚁线周围形成一种"半选择"的状态,或者是"半透明"的状态,这些半透明区间形成一条羽化带,如图 2-80 所示。

图 2-80 羽化带示意图

2. 选区的保存与灰度图

羽化选区的半透明效果带来了一个问题,那就是蚂蚁线内部的选区是否被选中?蚂蚁线外围是否被选中?事实上,蚂蚁线只是 Photoshop 为了表达简单选区而设计的提示符号,选区的本质是一幅灰度图。可以通过保存载入选区的方式,来理解选区的本质含义:在图像的羽化椭圆形选区完成后,执行菜单"选择"→"存储选区"命令,在"存储选区"对话框中,将"文档"一栏由默认原文档的文件名更改为"新建","名称"一栏任意取名为"羽化选区",然后单击"确定"按钮,如图 2-81 所示。

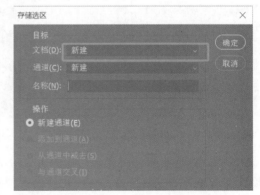

图 2-81 "存储选区"对话

此时,就建立了基于原图羽化椭圆形选区的灰度图,这幅灰度图与原图的分辨率相同,如图 2-82 所示。

图 2-82 灰度图像选区

灰度图中每像素的 R、G、B 颜色值均相等，是一种常见的像素图像。从外观上看，很像"黑白"图像，而真正的黑白图像只有黑色（R、G、B 均为 0）和白色（R、G、B 均为 255）。只要 R、G、B 值相等，数值可以在 0～255 区间任意取值，被称为灰色，该取值为灰度值。实际使用时，灰度值与 255 的百分比称为灰度。图像中包含灰色像素，则被称为灰度图。日常生活中常见的"黑白"照片或图像，其本质是灰度图像。仅包含黑色和白色的黑白图像反而不常见，如图 2-83 所示为灰度图像与黑白图像的对比效果。

图 2-83　灰度图像与黑白图像

3. 选区的本质是灰度图

图像选区的本质是通过一幅与原图像相同分辨率的灰度图来表示的。在这幅灰度图像中，每一像素位置对应着原图的像素位置，灰度图的灰度则代表原图中像素的不透明程度，可以把完全不透明看作完全选中，完全透明看作完全不选，不透明度看作该像素被选择的百分比。因此，选区实际上是画面中某些部分的不透明或半透明的程度。例如，在图像中，羽化的椭圆形中部是白色，表示这里的像素完全不透明，被完全选中；椭圆形外围是黑色，表示这里的像素完全透明，可以看作完全没有被选中；椭圆形边缘是一种由白色到黑色渐变的灰色带，故像素呈现出渐渐消失，从而形成了半透明区间。

选区的本质是一幅与原图具有同样分辨率的灰度图，故选区可以单独保存为一幅灰度模式的 JPG 图像，也可以在 PSD 文件中直接将选区保存在通道内。在执行存储选区操作时，若文档一栏没有改为新建，则用原图文件名，如图 2-84 所示。选区保存在 PSD 格式文件的通道内，故图像应存储为 Photoshop 专用文件格式，文件中包含选区信息。

接下来，可通过 Photoshop"通道"面板查看保存的选区信息，面板中名为"通道内的选区"通道，就是刚才保存的选区，如图 2-85 所示。

可见，经过羽化的椭圆形选区，在"通道"面板中以一条自定义的通道保存。"通道"面板中，排除图像原生的红、绿、蓝三个通道，自定义其他通道，本质上都是对图像选区的定义，可以通过"选择"→"载入选区"命令，将新

图 2-84　存储选区

图 2-85   存储在通道中的选区

建的自定义通道以选区的形式载入。单击"通道"面板右下方的"创建新通道"按钮 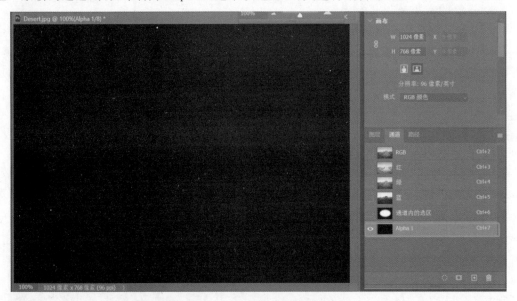,建立一条新的通道,默认命名为 Alpha1,选中该通道,对其进行编辑,如图 2-86 所示。

图 2-86   在通道中新建通道

把 Alpha1 通道看作一幅普通的灰度图,所有像素工具都可以对其进行操作。如选择"矩形工具",设置工具模式为"像素"选项,表示绘制的矩形将以像素形式呈现。设置前景色,此时仅能设定 R、G、B 值均相同的灰色。其中,HSB 中的 B 值表示灰度,如图 2-87所示。

分别以灰度 90%、60%、40%和 10%在 Alpha1 通道上绘制矩形条,如图 2-88 所示。

当 Alpha1 通道绘制好后,单击"通道"面板中的 RGB 通道。应单击 RGB 通道名称右

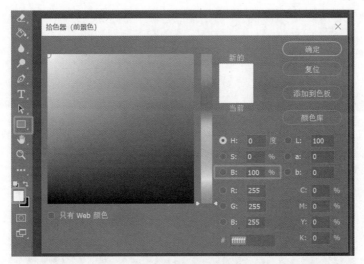

图 2-87　拾色器灰度选定

图 2-88　灰度条纹填充通道

侧的空白区域，而不是 RGB 通道前的眼睛，Photoshop 会区分这些细微的差别。若单击
RGB 通道的眼睛，将不能使刚建立的 Alpha1
通道失去选择并隐藏，而是会出现类似快速
蒙版选择的操作界面，令初学者感到困惑。
接着，单击"图层"面板恢复到"图层"面板的
操作。至此已建立了一个很特殊的选区，通
过"选择"→"载入选区"命令，选择 Alpha1 通
道，如图 2-89 所示。此时载入选区将形成画
面左侧被蚂蚁线框选的结果，如图 2-90 所示。
　　事实上，蚂蚁线框区域并不是真正的选
区，仅仅是当前选区中不透明度比较高的部

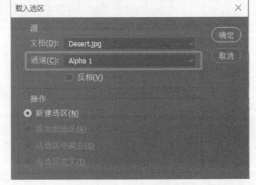

图 2-89　载入通道

第2章　Adobe Photoshop数字图像处理

图 2-90　载入选区显示的蚂蚁线

分。执行"编辑"→"拷贝",再新建一幅透明背景的画布后"粘贴",将得到多条透明的图像结果,如图 2-91 所示。

图 2-91　实际选区

　　以上是选区的基本原理,选区本质是一幅灰度图,而蚂蚁线只是表达形状选区的一种手段。由于选区是一幅灰度图,故所有针对图像像素的操作,如画笔、油漆桶、渐变、调色等都能实现对图像的选取操作。

2.3.3　通道与选区的关系

　　为什么 Photoshop 会将选区保存在"通道"面板中呢? 为什么新建的通道本质就是选区呢? 为什么"通道"面板中原始图像的 R、G、B 通道是灰度图? 本节将从图像理论层面出发进行探讨,并介绍应用通道进行抠图的方法。

数字图像是由 R、G、B 三原色信息构成的。在实际操作中,常需要使用其中的一种原色分量信息,这就是数字图像的原生通道,可将一幅数字图像分离成为仅包含红色或绿色或蓝色构成的分色图像,如图 2-92 所示。

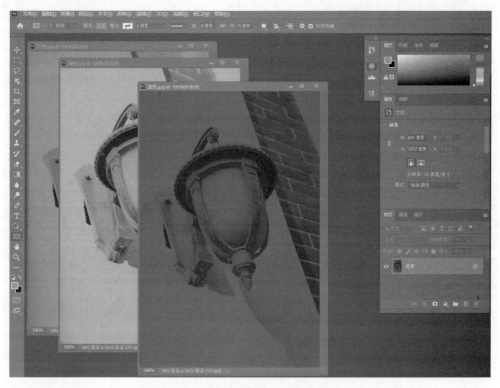

图 2-92　彩色图像的三原色分色图

选择"编辑"→"首选项"命令,在"首选项"对话框的"界面"中勾选"用彩色显示通道"复选框,可使 Photoshop"通道"面板的原始通道成为仅红色、仅绿色、仅蓝色的分色图,如图 2-93 所示。

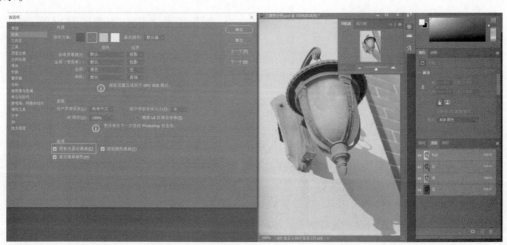

图 2-93　Photoshop 首选项彩色通道设定

第2章　Adobe Photoshop数字图像处理

这种分色图有一个缺点,就是每个通道的亮度变为原图亮度的三分之一,因为某一点像素的亮度,是 RGB 颜色信息的平均值。如果使用拾色器去提取红色原色分色的图像,只能够得到类似(R,0,0)的颜色信息,如图 2-94 所示。

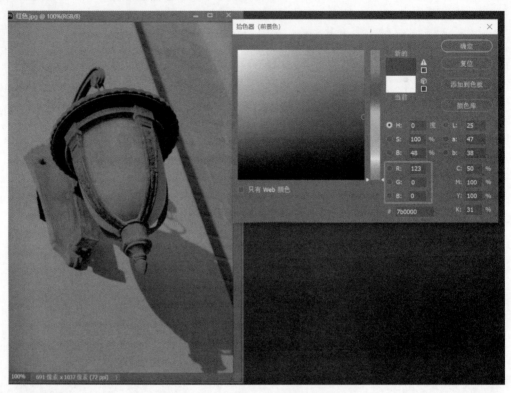

图 2-94　红原色分色图颜色拾取

由于将绿色、蓝色变为 0,故原有的图像亮度,变为原有的三分之一。为保持亮度,更好地变换,使等于 0 的绿色和蓝色,均等于红色,形成(R,R,R)的形式,正好是灰度图。所以,在"通道"面板中显示的 RGB 通道,本质上就是(R,R,R),(G,G,G),(B,B,B)形式的通道灰度图。

可以利用"图像"→"调整"→"通道混合器"命令,操作原始图像产生通道灰度图,通道混合器的界面如图 2-95 所示。

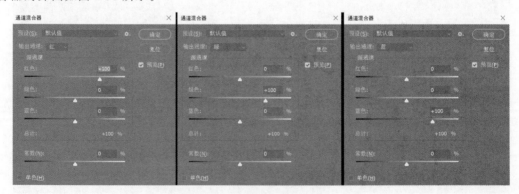

图 2-95　"通道混合器"对话框

对于常见的 RGB 图像,通道混合器默认状态记录图像红色分量的信息,百分之百输出到显示器的红色通道上;使绿色分量信息,百分之百输出到绿色通道上;使蓝色分量信息,百分之百输出到蓝色通道上,此时产生的图像是正常的。但如果输出到绿色通道上的绿色信息,以及输出到蓝色通道上的蓝色信息均为 0,则画面变成红色颜色分量的图。如果输出到绿色、蓝色分量上的红色为百分之百,则画面变成红通道灰度图,如图 2-96 所示。

图 2-96　通道混合器将彩色图像变为红色通道灰度图

这幅灰度图就是 Photoshop 红色通道所对应的灰度图。同理,可以分别制作蓝色、绿色通道的灰度图,这些通道灰度图也能合成彩色图像。如再次利用通道混合器,将灰度通道图变为对应通道的彩色通道图,再通过图像的分色和设置"滤色"图层混合模式的方法将其还原为原始彩图。

三色通道灰度图还原为彩图,在科技领域也是常见且有趣的。例如,哈勃望远镜拍摄的 M16 星云图即创世之柱,该照片本身并不是彩色图。因为它不是由可见光构成的图,故可以称为物质合成图。哈勃望远镜属于色盲望远镜,只能接收宇宙中的电磁信号,而不是可见光。宇宙星团各物质发射出不同的电磁信号,被哈勃的探测器感知到。如根据 M16 星云中包含硫元素的密度,形成深浅不一的灰度图,氢元素产生氢的灰度图,氧元素则形成氧的灰度图,正好是三幅灰度图。把硫灰度图设为红色通道,氢设为绿色通道,氧设为蓝色通道,将三图合一,就是这幅著名的天文大作,如图 2-97 所示。

创世之柱星云硫物质密度图　　创世之柱星云氢物质密度图　　创世之柱星云氧物质密度图
设为R　　　　　　　　　　　设为G　　　　　　　　　　　设为B

图 2-97　创世之柱合成图原理

由上文可见,(R,R,R),(G,G,G),(B,B,B)形式的通道灰度图是一种常见的数字图像处理方式。利用这种方式,可在保留图像亮度信息的前提下,从三种原色分量上单独分析原始图像,查看图像的特定信息,为后文利用通道"抠图"提供了理论上的可能性。例如,将水母原图与红色通道灰度图比对,就能发现原始彩图,受到复杂的彩色信息影响,对水母轮廓的展现明显没有红色通道灰度图直观,如图 2-98 所示。

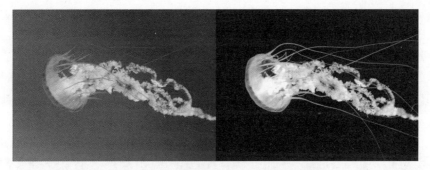

图 2-98　水母图像与它的红色通道灰度图

　　一幅彩色图像可以表达为(R,G,B)的形式,也可以给它增加一个人工分量 A1,形成类似于(R,G,B,A1)的形式,这个 A1 不同于原始图像的原生通道,是人工赋予的,所以它的含义也应当是人为指定的。一般人们习惯将 A1 设定成为当前像素的不透明度,也就是被选择程度。而这就是 Photoshop 通道中的自定义通道,即存储的选区。因此,自定义通道的本质是在 Photoshop 中对选区或者说图像透明度的保存。在 Photoshop 图像处理中,对图像整体而言,可以保存无数个选区,即在"通道"面板中建立的 Alpha1、Alpha2 甚至更多的自定义通道;针对某个图层所保存的透明度信息,只有在选中该图层时,该通道才会出现,这就是蒙版。因此,在像素类图像处理中,选区、透明度以及通道的本质是一样的,都是针对人工通道,它们与原图的原色通道一样,都是灰度图。

　　因此,可以从图像通道原理出发,进行素材提取的操作。以水母图为例,由于水母是在蓝色大海中拍摄的,其颜色偏向橙色,蓝色中含有的红色颜色分量很少,观察其红色通道,发现清晰的水母轮廓。在 Photoshop 中,可以利用曲线工具,增强灰度反差,形成类似黑白的选区。但不能直接在原图的红色原色通道上操作,否则影响原图颜色。可以通过对复制红色通道来完成:在"通道"面板,选中红色通道,右击鼠标,复制该通道,此时产生从红色通道复制得到的人工通道,该通道是对水母的初步选择,但该外轮廓并不能直接作为选区使用,蓝色海洋并非一点红色分量都没有,水母身体部分也并非一点蓝色分量都没有,故红拷贝通道只是水母轮廓比较明显的灰度图,并不能够直接代表选区;鼠标单击红拷贝通道,确保不选原色通道,执行菜单"图像"→"调整"→"曲线"命令,在对话框中设定曲线,使其黑白化,如图 2-99 所示。

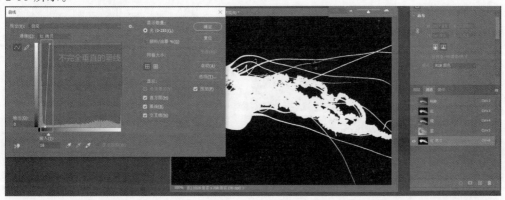

图 2-99　利用曲线工具将水母图像的红色通道灰度图黑白化

曲线是一个典型的调色操作,当曲线拉动成S形时,画面的明暗对比增加。在本例中,曲线被拉成极端的S形,可以看到在曲线上近似有一根不完全垂直的垂线,像素亮度在该垂线左侧的暗像素变为黑色,而垂线右侧的亮像素变成白色,垂线本身并不完全垂直,表示在水母轮廓边缘处有一定的透明度而使选区比较柔和,以便和新背景自然融合。曲线操作完成后,单击 RGB 通道选中水母的所有原色通道,执行"选择"→"载入选区"命令,在"载入选区"对话框中,"通道"选择"红拷贝",即可完成对水母的选择,如图 2-100 所示。

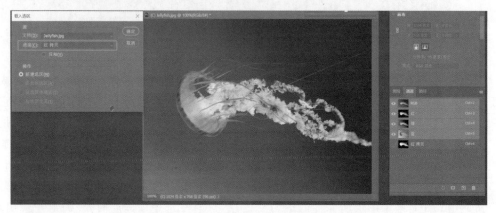

图 2-100　载入通道选区

再经过复制和粘贴操作,将得到非常精准的带有水母触须的水母素材,如图 2-101 所示。

"通道抠图法"的本质是利用图像素材自带选区的特性。如人脸一般带有较少的蓝色和绿色颜色分量,可以利用蓝色或绿色通道的复制调色来完成"抠图"。而建筑相对于蓝天白云,蓝色颜色分量较少,可以通过蓝色通道完成"抠图"操作。当然,"通道抠图法"也不是万能的,当素材主体在任何一个通道中与背景反差都较小的情况下,这种"抠图"方式就不太适用了。

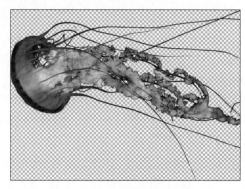

图 2-101　通道抠图的结果

可以明显看出,对于刚才"抠图"产生的水母素材,如果将其应用于深色或蓝色背景上,素材可以很好地与背景融合;反之,如果将其应用于浅色或红色背景上,可以看到水母边缘有明显的蓝色"圣母光",如图 2-102 所示。

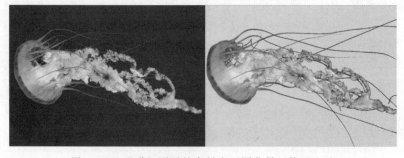

图 2-102　通道抠图后的素材在不同背景下使用比对

因此,"抠图"后素材所应用的环境应尽量与原图背景环境保持一致。在拍摄素材时,应尽量考虑最终设计应用的背景情况,以保证素材能较好地与新背景相融合。如果素材在拍摄时,所处背景与设计背景有较大的明暗和色调差异,且素材自身可能会透出背景光,该素材在使用时,会有较多困难,笔者更倾向于对素材进行重新拍摄。如果素材唯一且不能重新拍摄,那么还需要结合调色、图层蒙版、图层混合模式等多种操作,才能得到较为满意的合成效果。

2.3.4 蒙版技术的应用

图层蒙版是保存在 Photoshop 某个图层中的选区,打开任意两幅图片,并将其放置在同一画布中,上下两个图层则形成遮挡关系,如图 2-103 所示。

图 2-103 堆叠的两个图层

在画布上使用选择类工具建立一个任意形状的选区。在本例中,使用"矩形框选工具"建立一个矩形选区,选区建立后,选中需要添加蒙版的图层 1,单击"图层"面板下方的"添加图层蒙版"按钮 ⬚,当图层 1 没有任何蒙版时,就为其添加一个图层蒙版,此时图层 1 按照选区形状进行了裁剪,如图 2-104 所示。在实际操作时,也可不做任何选区操作,直接添加图层蒙版,为后续的操作做准备。

图 2-104 选区转化为蒙版的效果

在 Photoshop 中,可以建立两类蒙版:一类是图层蒙版,另一类是矢量蒙版,两类蒙版的建立都使用"图层"面板下方的"添加图层蒙版"按钮 ⬚ 来建立。如果当前图层没有任何

54

蒙版,则先建立图层蒙版,再次单击则建立矢量蒙版;如果图层上已经有了某一类蒙版,单击"添加图层蒙版"  则会建立该图层没有的另一类蒙版;一个图层最多只能同时拥有图层蒙版和矢量蒙版两个;通常,左侧是图层蒙版,右侧是矢量蒙版,可通过鼠标在蒙版图标上悬停,列出该蒙版属于哪类蒙版的提示,如图 2-105 所示。

当蒙版建立好以后,可以进行一些常规的蒙版操作。

- 单击蒙版使蒙版处于选中状态  ,此时画笔、橡皮擦、渐变工具等像素工具将直接作用于蒙版;单击图层 1 的图标,使图层 1 素材处于选中状态,此时像素类工具将操作于图层 1 的素材。初学者在操作图层蒙版时,常不能正确区分是对图层素材操作还是对图层蒙版操作,故特别需要注意。

- 默认情况下,蒙版与图层通过回形针链接,使用"移动工具"移动图层或蒙版,可以使图层与蒙版作为一个整体移动。单击回形针图标可以取消图层与蒙版的链接,即可单独对图层或蒙版进行操作。

- 临时关闭蒙版,可以按住 Shift 键,再单击蒙版图标,此时蒙版图标上出现一个红叉,蒙版被关闭,再次使用同样的操作可以恢复蒙版;如果需要删除蒙版,可以在蒙版图标上右击,选择"删除蒙版"命令,素材图层不受任何改变;当选择"应用蒙版"命令,又可把蒙版应用于素材图层。

由于蒙版是保存在图层中的选区,故选中具有图层蒙版的图层,打开"通道"面板,就能看到选中图层蒙版所对应的通道,如图 2-106 所示。

图 2-105　图层蒙版与矢量蒙版　　　　图 2-106　存储在通道中的图层蒙版

蒙版是最常见的一种效果操作,利用蒙版可以动态地擦除或恢复图像。蒙版本身也可以是一些特殊的图像,从而实现许多特殊效果。

(1)"抠图"边缘的修整。

以第三组素材花盆的"抠图"为例,当使用智能选择类工具将花盆初步载入选区后,如果直接执行复制粘贴操作,则新画布中花盆素材选中范围是不可逆的;如果花盆花瓣形状边缘被多选了一些背景,可以使用橡皮擦工具擦除;但如果边缘被少选了,那就没有任何办法挽回,除非重新"抠图"。"抠图"实际上并不是直接采用复制粘贴的方法,而是先将素材拖动到设计所在的画布上,然后针对素材建立"抠图"选区,再针对素材图层建立蒙版,从而达到与抠图相同的效果,如图 2-107 所示。

由于蒙版的操作是可逆的,选中图层蒙版,通过白色画笔工具,在"抠图"过多的地方涂抹,可将画面重新显示出来;如果画笔工具设定为黑色,则可以隐藏素材中不需要显示的区域,操作十分灵活。在本案例中,花盆上方的叶子被去除过多,因此选中蒙版,设定适当笔触大小的白色画笔,将其重新还原,如图 2-108 所示。

图 2-107　利用蒙版实现抠图

图 2-108　利用画笔在蒙版上修复抠图

（2）多图过渡融合。

在媒体制作中,经常需要将多幅图像素材整合成一幅作品。由于各素材边缘的明暗色调存在差异,使素材接缝处有明显反差,看起来就是一条接缝。如果使用图层蒙版,并给蒙版建立一条黑白线性渐变,可使上下两个图层的画面自然融合在一起。如将 Windows 示例图片灯塔与企鹅作为上下两个图层叠放在一起,灯塔图层在上方,企鹅图层在下方;选中灯塔图层添加图层蒙版,由于建立蒙版前没有任何选择操作,此时建立的蒙版是白色,表示灯塔图层完全不透明;选中该图层蒙版,在工具箱中选择"渐变工具",渐变选项设定为线性▣,并将工具箱调色板▣前景色设定为白色,背景色设定为黑色,然后在灯塔图层的蒙版上从左往右拖动,绘制一条由白到黑的线性渐变,就能形成灯塔图层向企鹅图层逐渐过渡的效果,如图 2-109 所示。

在实际应用中,一般不建议选择两张差异过大的素材,而是两幅略有差别的图像素材,如图 2-110 所示。

第2章　Adobe Photoshop数字图像处理

56

图 2-109　渐变蒙版带来的图层过渡

(a)　　　　　　　　　　　(b)

图 2-110　原始素材与模糊素材

　　在图 2-110 的素材中,素材(a)是一幅包含多个树墩的照片,素材(b)是该图像添加了 Photoshop"模糊"滤镜后的效果。将两个素材在同一画布中整齐地叠加在一起,如图 2-111 所示。

　　由于原始图层完全挡住了模糊图层,故画面没有任何变化。我们给原始图层添加一个自下而上、由白到黑线性渐变的图层蒙版,画面即从原始图层自下而上逐渐过渡到模糊图层,从而形成背景虚化的视觉效果,如图 2-112 所示。

　　由于拍摄该照片的设备是小光圈,类似于手机摄像头的普通设备,故树墩前后具有相同的清晰度。而大光圈镜头拍摄的结果会有浅景深,假如相机对焦到前面的树墩,后面的树墩由于脱离对焦面而变得模糊,称为"背景虚化"。原本小光圈无法完成拍摄的画面,经过 Photoshop 处理也能实现背景虚化的视觉效果。

　　(3)实现雕刻效果。

　　在互联网上可以搜索到许多纹理图案素材,如木纹图案、纸纹图案、布纹图案等,可将其看

图 2-111　原始图像与模糊图像堆叠

图 2-112　为原始图像增加渐变蒙版

作材质。随着民用摄影设备的普及,这类材质图案也可以通过拍摄获得,如图 2-113 所示的木纹材质。网络上能搜索到许多花纹图案,如具有中国民族特色的花纹图案,可将其作为雕刻素材,如图 2-114 所示。

利用蒙版,可将它们有机地结合在一起,形成雕刻效果。花纹图案属于黑白灰阶图,黑灰色为纹路,白色为底色。利用花纹作为木纹的蒙版,则花纹中黑色的部分,木纹被"雕刻",露出木纹下方的任意图层;花纹中白色部分则是木纹本身,从而实现雕刻效果。花纹本身的正相与反相,决定木纹雕刻的方法是阴刻还是阳刻。具体操作方法如下。

(1) 将木纹与花纹分两层放置,使用"油漆桶"工具将花纹外的透明区域填充为白色,如图 2-115 所示。

57

图 2-113　木头纹理素材

图 2-114　中国花纹素材

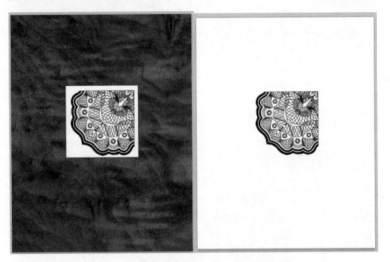

图 2-115　将花纹透明区域补足为白色

(2) 建立黑色背景层,作为木纹被雕刻后露出的背景层,如图 2-116 所示。

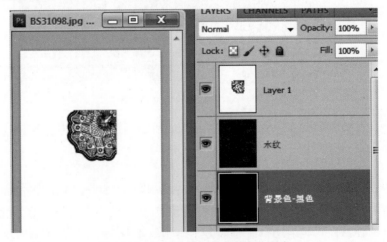

图 2-116　设定雕刻后的背景色为黑色

(3) 将花纹层反相,得到木纹阳刻的蒙版,如图 2-117 所示。

(4) 将花纹层选中,复制并将其隐藏,为木纹层添加图层蒙版,按 Alt 键单击进入图层蒙版,再粘贴花纹,如图 2-118 所示。

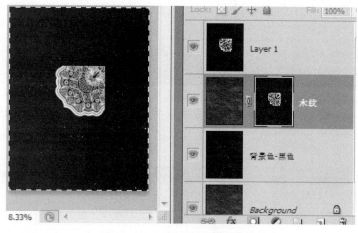

图 2-117 建立木纹阳刻的蒙版　　　　　　图 2-118 应用木纹阳刻的蒙版

(5) 最后,得到木纹阳刻后的素材,如图 2-119 所示。

利用选择工具,选中木纹外的黑色区域并将其填充为白色,就能获得比较明显的木纹阳刻效果,如图 2-120 所示。

图 2-119 木纹阳刻效果　　　　　　图 2-120 背景变为白色后的木纹阳刻效果

应用蒙版可以举一反三,在理解原理的基础上多加实践与尝试,从而可以制作出许多有趣的画面效果。

2.4 视觉元素与形状轮廓

视觉元素是一个广告设计概念,形式上由点、线、面、色等内容组成。Photoshop 是一个专业的设计软件,应用文字、矢量工具和蒙版等技巧,能轻松完成针对画面的形状设计和布局等一系列操作。本节重点介绍文字和矢量工具的应用。

2.4.1 文字类视觉元素与文字工具

任何一种媒体处理软件,文字的输入和排版是必不可少的功能。Photoshop 提供了完善的文字工具,位于工具箱的 **T** 文字工具组中,如图 2-121 所示。在图标 **T** 上长按鼠标左

微课视频

微课视频

59

键或右击,可以展开所有的文字工具,包括"横排文字工具""直排
文字工具""直排文字蒙版工具""横排文字蒙版工具"四种。其
中,"横排文字工具"和"直排文字工具"用于创建单行文字、段落
文字和路径文字;"横排文字蒙版工具"和"直排文字蒙版工具"
用于创建基于文字的选区。

图 2-121　Photoshop 中的
文字工具集合

这些文字工具有着较相似的文字工具选项,可以相互切换。输入文字前,可先在文字工
具选项栏或"字符"面板中设置字符的属性,包括字体、字号和文字颜色等。文字工具选项栏
的各选项说明如图 2-122 所示。文字工具选项栏中各选项说明如下。

工具切换　字体设定　　　　　　　　　　　　字体大小　　　　　　　　　　文字颜色　段落面板

文本方向　　　　　　字体样式　　　　　　　　　　　　文本对齐　　文字变形

图 2-122　文字工具的选项栏

- 更改文本方向:单击该按钮,可以将横排文字转换为直排文字,或者将直排文字转
  换为横排文字。
- 字体设定:在该选项的下拉列表中可以选择字体。
- 设置字体样式:字体样式是单个字体的变体,包括 Regular(规则体)、Italic(斜体)、
  Bold(粗体)和 BoldItalic(粗斜体)等,该选项有别于后文出现的仿粗体与仿斜体,仿
  粗体与仿斜体是在原有字体基础上,由 Photoshop 增加适当的文字变形产生。而这
  里的规则体、斜体、粗体和粗斜体本质上是四种字体,如微软雅黑字体,有 msyh. ttc
  表示规则体,msyhbd. ttc 表示粗体,只有两种字体同时安装,才能设定微软雅黑的
  规则体与粗体。
- 设置字体大小:可以设置文字的大小,也可以直接输入数值并按回车键进行调整。
- 设置文本颜色:单击颜色块,可在打开的"拾色器(文本框)"对话框设置文字的
  颜色。
- 创建变形文字:单击该按钮,可以打开"变形文字"对话框,为文本添加变形样式,从
  而创建变形文字。
- 显示/隐藏字符和段落面板:单击该按钮,可以显示或隐藏"字符"面板和"段落"
  面板。
- 文本对齐:根据输入文字时单击点的位置来对齐文本,包括左对齐文本、居中对齐
  文本和右对齐文本。

这部分将以"横排文字工具"为例进行介绍,通过一幅文字工具练习图进行操作,如
图 2-123 所示。

选择"横排文字工具",在画布相应位置单击,将在光标位置建立横排行文字图层,再完
成文字的输入;输入的文字自动向右扩展,除非按 Enter 键,才能将文字换行;当画布上已
有文字图层时,使用文字工具在文字附近单击,则进入修改文字图层的编辑状态。利用"横
排文字工具"能轻松完成文字工具练习图中第一组文字的输入操作。选择"横排文字工具",
在画布上拖曳鼠标指针绘制,则会产生一块固定的文本显示区域,文字遇到区域边界自动换
行,形成段落文字效果。段落的格式和排版操作可通过单击选项条上的"切换字符和段落面
板"▣调出"段落"面板进行设置,"段落"面板如图 2-124 所示。

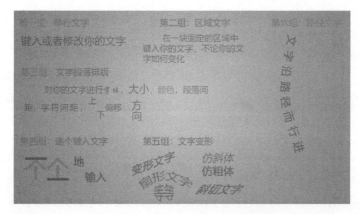

图 2-123　文字工具集合练习模板

- 行距设置：行距是指文本中各文字行之间的垂直间距。在下拉列表中可以为文本设置行距，也可以在数值栏中输入数值来设置行距。
- 字距微调：该选项用来调整两个字符之间的间距，首先在需要调整的两个字符之间单击，设置好插入点，再调整参数值。
- 文字间距：选择部分字符时，可调整所选字符的间距；没有选择字符时，可调整所有字符的间距。
- 比例间距：用来设置所选字符的比例间距。
- 垂直缩放：垂直缩放用于调整字符的高度。
- 水平缩放：水平缩放用于调整字符的宽度。
- 基线偏移：用来控制文字与基线的距离，可以升高或降低所选文字。

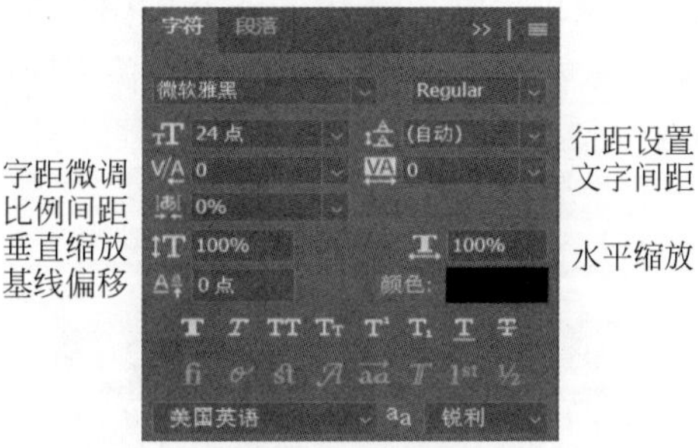

图 2-124　"段落"面板

文字工具练习图中第二组和第三组练习，可以通过上述知识点完成。需要注意的是，"段落"面板中的所有参数，默认记录的是上一次设置的参数值，而不会随着 Photoshop 的重新启动而复原。如果上一次文字行距被设定为 6，则会出现下面文字挤在一起的现象，如图 2-125 所示。因此，在使用文字工具时，应检查选项条与"段落"面板的初始设置。

图 2-125　上次的文字段落面板设置对当前文字的影响

在设计标题文字时,逐一输入单个文字,能更加灵活地改变文字的位置和大小,利用文字特有的笔画,拼接出一组组有趣的造型。由于文字是矢量,故无须改变字体也能实现各种变形操作。最典型的如仿粗体与仿斜体,建立文字图层后,选中要变形的文字,右击鼠标可以看见仿粗体与仿斜体,勾选后文字变粗变斜。第五组文字变形中的仿粗体与仿斜体可以用这种方式完成。需要注意的是,这种变化本身是一种矢量的变化,如斜体文字,可以通过输入任意文字后选中该文字图层,执行"编辑"→"变换"→"斜切"命令后,操作控制点完成文字自定义的倾斜,如图 2-126 所示。

但这种文字斜切的操作与像素图像的斜切操作有很大不同,前者只能够规则地按一个方向倾斜文字,并不能像像素图像那样任意改变四条边的尺寸形成透视效果。输入文字后,右击鼠标,选择"栅格化文字"命令,将文字图层转换为像素图层,再次执行"编辑"→"变换"→"斜切"命令,就能够更加灵活地改变图层,形成各种透视效果。一旦栅格化图层文字,将不能再次编辑文字。因此,可将文字图层转换为智能对象,此时文字图层同时具有矢量图层的特性;双击还可以进入编辑,具有像素图层的特性,同样经过斜切操作,可以产生透视效果,如图 2-127 所示。

图 2-126   文字直接进行斜切变换

图 2-127   文字转换为像素图层后进行斜切变换

Photoshop 还提供了一些非常"重度"的变形效果,单击选项条"创建文字变形" ,可弹出"变形文字"对话框,如图 2-128 所示。一共包含 15 组变形样式,分别为扇形、下弧、上弧、拱形、凸起、贝壳、花冠、旗帜、波浪、鱼形、增加、鱼眼、膨胀、挤压和扭转。在第五组文字变形中,主要使用了增加、扇形和鱼眼这三种文字变形样式。

文字工具练习图的第六组是路径文字,需要与路径工具相互配合使用,路径工具在下一节路径形状中会有详细阐述,这里只介绍当文字需要

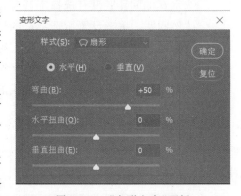

图 2-128   "变形文字"面板

按特定路径排列时该如何操作。实现文字按特定路径排列,首先钢笔工具或形状工具在"路径"模式下建立一条工作路径;当路径处于选中状态时,文字工具移动到路径上,单击鼠标后输入文字,文字即能沿着路径的轨迹排列,形成路径文字。如在本例中,使用钢笔工具 在画布上建立了一条工作路径,如图 2-129 所示。

使用文字工具,设置相应字体、大小和文字间距后,将光标移动到路径上,单击后输入文字,此时文字即按照路径排列显示,如图 2-130 所示。

输入文字后,可以继续使用文字工具选中文字,切换文字横排与竖排,切换竖排后的文字效果如图 2-131 所示。

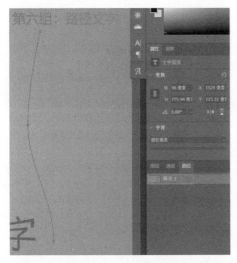

图 2-129　路径建立

图 2-130　沿路径输入文字

选择"路径选择工具"，靠近路径，当光标变成时单击鼠标或者在路径上或路径右侧拖动光标，可以改变文字的开始位置；如果拖动光标到路径左侧，光标变为时，则会翻转路径文字的方向，如图 2-132 所示。

路径文字中的文字依然遵守路径的变化。使用"直接选择工具"，可以选中路径的锚点，当改变锚点即路径发生变化时，文字的排列也会随着路径的改变而发生相应的变化，如图 2-133 所示。

图 2-131　路径文字横排竖排切换　　图 2-132　路径文字的方向变换　　图 2-133　路径文字随路径变换

在互联网上搜索关键字"文字模板"，能够找到许多文字模板的案例，如图 2-134 所示。

打开文字模板图片，然后在文字模板相应位置使用类似的字体、颜色及字号，使用文字工具添加自己的文字，如图 2-135 所示。然后将文字模板的底稿图层隐藏，就获得包含个人内容的文字模板，如图 2-136 所示。

在文字模板下方，再添加一幅背景图片，一个简单的文字设计方案就产生了，如图 2-137 所示。文字工具的操作相对比较简单且容易掌握，应用好文字的难点不在于 Photoshop 的功能和技巧，而是在设计层面。

出金色光芒 常令你我快乐
SUNSHINE, FRUSTRATED, MAKES CLEAR, DISPELS HEART PANIC, SUNSHINE,
MAKE YIXING, WARM AIR AND STRONG TIDAL WAVES, POWDER INTO THE SKY, THE SUN, FOUR AGAIN,
ALL BECOME FILLED WITH FRAGRANT FLOWERS AND ANACREONTIC, SUNSHINE, MAKE TREES, BIRDS ARE SINGING, I HATE SICK BODY ALL BRIGHT, BORING HEAT AND LIGHT DOES NOT FORGET,
LIT EVERYDAY WORLD, CAN MAKE THE HEART SINGS ALL HEALTH, PROGRESS TOGETHER WITH LIGHT TO HIDE.

阳光 将失意化做希望
明朗 会驱散心中惊慌 明艳遍天空四方
温暖渗入潮浪
HEAT AND LIGHT COMPONENT TO HIDE
MY HEART BEATS FOR YOU EVERY DAY, I AM INSPIRED BY YOU EVERY MINUTE, AND I WORRY ABOUT YOU EVERY SECOND. IT IS WONDERFUL TO HAVE YOU IN MY LIFE.
……百花也充满芬芳 滋润我们颗颗心房

图 2-134　常见的来自互联网的文字模板

阳光 将失意化做希望
就能渗生潮浪
SO COOL,ISN'T? NOW YOU WILL DO SOMETHING!
MY HEART BEATS FOR YOU EVERY DAY, I AM INSPIRED BY YOU EVERY MINUTE, AND I WORRY ABOUT YOU EVERY SECOND. IT IS WONDERFUL TO HAVE YOU IN MY LIFE.
……百花也充满芬芳 滋润我们颗颗心房

图 2-135　在文字模板中填入文字

面对这一组文字，让我们这样操作一下
使用类似的字体，在文字层上叠加填写
注意尽量保持文字间距与大小
看看会有什么样的效果

文字 只要按设计样式
以相仿的字体、布局、一个个地填入
就能产生效果
SO COOL,ISN'T? NOW YOU WILL DO SOMETHING!

图 2-136　隐藏原文字模板底稿后的效果

图 2-137　文字设计稿可用于各种设计方案

2.4.2　形状类视觉元素与形状类工具

微课视频

Photoshop 路径与形状的本质是一样的,都可看作矢量绘图。Adobe Illustrator 是一款专业的矢量制图软件,相对而言,Photoshop 的矢量绘图可以看作 Illustrator 的简化版本。初学者可以从简单规则的形状工具入手,直到掌握矢量与形状内部的关联,进而通过钢笔工具做到自由临摹各种形状。本节将通过下面 6 组操作循序渐进地讲述路径与形状的操作技巧,如图 2-138 所示。

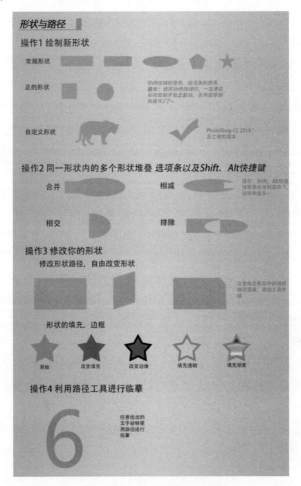

图 2-138　形状工具练习模板

1. 形状工具

操作 1 是常规形状工具的使用,首先学习常规形状工具。Photoshop 提供的"矩形工具""圆角矩形工具""椭圆工具""多边形工具""直线工具",可以创建规则的几何形状;使用"自定形状工具"可以创建不规则的复杂形状,所有形状工具如图 2-139 所示。

所有形状工具都具有相似的选项条,选项条具体含义如图 2-140 所示。

• 形状类型:可以切换具体的形状工具,如切换到椭圆

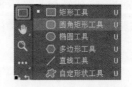

图 2-139　形状工具集合

66

形状类型　　　填充色　　　　　描边宽度　　　　宽高设定　　形状复合模式　路径排列　自定义形状

工作模式　　　　　描边色　　　　描边线型　　　　　路径对齐　设置选项

图 2-140　形状工具选项条

形形状。

- 工作模式：默认为形状工作模式,此时产生独立的形状图层;设定为路径工作模式,此时产生工作路径;设定为像素工作模式,则产生栅格化的像素数据。
- 填充色：设定形状内部填充的颜色,一般默认为当前的前景色,也可以设置为空,此时形状不具备填充色,此特性在 Photoshop 到达 CC 系列以后的版本才出现,早期版本如果需要设定填充为空,可以通过"图层"面板上的填充滑动条,将其设置为 0 才能实现。
- 描边色、描边宽度、描边线型：设置形状轮廓的描边颜色、描边粗细与线型,默认描边为空。只有设定描边为某个具体颜色后,描边粗细与描边线型的设置才有效,此项操作是 Photoshop 到达 CC 系列以后的版本才出现的,早期版本并无此特性,只能通过图层样式的描边来实现。
- 宽高设定：可以指定绘制形状的宽与高,形状的宽度是以形状最左侧的点到最右侧的点之间的距离作为衡量依据的。也就是说,如果为保证精准绘制形状而新建参考线,参考线必须与形状最左侧的点和最右侧的点相切。同理,高度也是如此。
- 形状复合模式：同一个形状图层可以包含多个形状路径,并且彼此包含相加、相减、相交、排除的运算关系。一般使用形状工具时设置为新增形状,当有形状图层被选中,按 Shift 键或 Alt 键,将切换到追加形状或相减形状的操作,且保留上一次形状工具设置时的记忆,需要特别注意。
- 路径对齐：可以将一个形状图层内的多条路径按照某种方式对齐。
- 路径排列：可调整路径的堆叠顺序,对包含多条形状路径的复合路径设定运算关系特别重要。
- 选项设置：不同的形状会有一些属于自己的特殊设置。例如,可以将多边形更改为其对应的星形等。
- 自定义形状：选择一个具体的自定义形状。
- 对齐边缘：让路径边缘与像素边缘重合,从而减少锯齿,一般为勾选状态。

(1) 矩形工具。

"矩形工具"用来绘制矩形和正方形。选择该工具后,单击并拖动鼠标可以创建矩形;按住 Shift 键单击并拖动鼠标可以创建正方形;按住 Alt 键单击并拖动鼠标则以单击点为中心向外创建矩形;按住 Shift+Alt 组合键单击并拖动鼠标,则以单击点为中心向外创建正方形。单击工具选项栏中的按钮,可在打开的下拉面板中设置矩形的创建方式,如图 2-141所示。

不受约束：选择该单选按钮,可通过拖动鼠标创建任意大小的矩形和正方形,如图 2-142所示。

图 2-141　矩形工具选项条中的设置下拉面板　　图 2-142　多边形工具选项条中的设置下拉面板

方形：选择该单选按钮，只能创建任意大小的正方形。

固定大小：选择该单选按钮，并在其右侧的文本框中输入数值（W 为宽度，H 为高度），此后只创建预设大小的矩形。

比例：选择该单选按钮，并在其右侧的文本框中输入数值，此后无论创建多大的矩形，矩形的宽度和高度都保持预设的比例。

从中心：选择该单选按钮，以任何方式创建矩形时，单击点即为矩形的中心，拖动鼠标时矩形将由中心向外扩展。

（2）圆角矩形工具。

"圆角矩形工具"用来创建圆角矩形，其使用方法与"矩形工具"相同，只是多了一个"半径"选项，"半径"用来设置圆角半径，该值越高，圆角弧度越大。

（3）椭圆工具。

"椭圆工具"用来创建不受约束的椭圆和圆形，也可以创建固定大小和固定比例的圆形。选择该工具后，单击并拖动鼠标可创建椭圆形，按住 Shift 键单击并拖动鼠标则可创建正圆。

（4）多边形工具。

"多边形工具"用来创建多边形和星形。首先在工具选项栏中设置多边形或星形的边数，范围为 3～100。单击选项栏中的"设置其他形状和路径选项"按钮，打开下拉面板，在面板中可设置多边形的相关选项，如图 2-142 所示。

半径：设置多边形或星形的半径长度，此后将创建指定半径值的多边形或星形。

平滑拐角：勾选该复选框，可创建具有平滑拐角的多边形或星形。

星形：勾选该复选框，可以创建星形。在"缩进边依据"文本框中可以设置星形边缘向中心缩进的数量，数值越高，缩进量越大。若勾选"平滑缩进"复选框，则可以使星形的边平滑地向中心缩进。

（5）直线工具。

"直线工具"用来创建直线和带有箭头的线段。单击并拖动鼠标可以创建直线或线段；按住 Shift 键单击并拖动可创建水平、垂直或以 45°角为增量的直线。它的工具选项栏包含设置直线粗细的选项，下拉面板中包含设置箭头的选项，如图 2-143 所示。

起点与终点：可设置分别或同时在直线的起点和终点添加箭头。

宽度：可设置箭头宽度与直线宽度的百分比，范围为 10%～1000%。

长度：可设置箭头长度与直线宽度的百分比，范围为 10%～5000%。

凹度:用来设置箭头的凹陷程度,范围为-50%~50%。值为0%时,箭头尾部平齐;值大于0%时,向内凹陷;值小于0%时,向外凸出。

(6)自定形状工具。

使用"自定形状工具"可以创建Photoshop预设的形状、自定义的形状或者是外部提供的形状。打开形状下拉面板,选择一种形状,然后单击并拖动鼠标即可创建该图形。如果要保持形状比例,可以按住Shift键绘制图形。如果要使用其他方法创建图形,可以在"形状"下拉面板中进行设置。需要注意的是,Photoshop 2020重新整合了自定义形状,默认状态下不显示早期版本的任何形状,如图2-144所示。

图2-143　直线工具选项条中的设置下拉面板

图2-144　自定义形状的形状选项

实际上,早期版本的形状仍存在于Photoshop 2020中。选择"窗口"→"形状"命令,打开"形状"面板,单击右上方 ▤ 图标,在弹出的菜单中选择"旧版形状及其他"进行添加,如图2-145所示。再选择"自定义形状工具",在其选项条中可以找到旧版的Photoshop形状。

掌握了上述知识技能,就能够轻松完成操作1中绘制的各种形状,如图2-146所示。

操作1中常规形状的前4个形状分别是矩形、圆角矩形、椭圆和多边形,而第5个形状是五角星,可以在"多边形工具"的选项条中单击"设置其他形状和路径选项"按钮 ⚙ ,勾选"星形"选项

图2-145　由菜单开启的"形状"面板

后再绘制。绘制方正的形状如正方形和正圆时,可在选项条中设置相同的形状宽度和高度,也可以在绘制时按下Shift键以保证绘制方正的形状。虎的形状位于"野生动物"自定义形

图2-146　创建新形状

状组中。对勾是旧版 Photoshop 中的形状,用户可按照自定义形状添加旧版形状的方法来完成。

2. 复合形状

复合形状是指在同一形状图层中,包含多条形状路径,路径间有着相加、相减、相交、排除的运算关系,从而形成的特殊形状。通过形状与路径练习图中的操作 2 来学习复合形状的操作技巧,如图 2-147 所示。

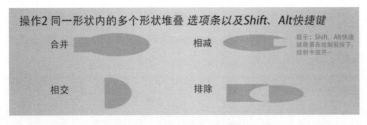

图 2-147　创建复合形状

(1)"合并"形状操作。

操作 2 中的合并形状,本质上是一个矩形加上一个椭圆形。首先,使用"矩形工具",在画布上绘制一个矩形形状;选择"椭圆工具",在"图层"面板选中刚绘制的矩形,在形状选项条上单击"路径操作"按钮 ■,选择"合并形状"选项,如图 2-148 所示;然后,在矩形上绘制椭圆,椭圆与矩形合并在一起,且位于同一形状图层。图层名字保留原矩形的名称,但选中该形状图层,发现矩形与椭圆形状位于同一图层中,如图 2-149 所示。

图 2-148　复合形状路径的加减运算下拉设定

图 2-149　相加的复合形状

需要注意的是,形状复合模式更改后,下次使用形状工具时,默认记忆本次设置。因此,下次应用形状工具时,需先查看是否为正确的模式。添加形状是十分常用的操作,故 Photoshop 提供了应用 Shift 快捷键添加形状:矩形绘制好后,选中矩形,再选择"椭圆工具",按住 Shift 键,再拖动鼠标绘制,同样可以将椭圆合并入矩形。

(2)形状"相减"操作。

操作 2 中的形状相减操作,是一个椭圆减去一个矩形。由于是相减操作,所以形状绘制具有先后顺序,先绘制一个椭圆,再绘制相减的矩形。首先,使用"椭圆工具"绘制一个椭圆形状;然后单击任意一个其他图层,再选择椭圆图层,其目的是使椭圆路径处于失选而形状图层处于选中状态。这是 Photoshop 的一个操作细节,当椭圆被绘制完成后,除了本身图层处于选中状态,其形状路径也处于被选中状态,如图 2-150 所示。

69

图 2-150　选中已有形状的路径

此时,如果切换到矩形工具或其他任意形状工具,其形状选项条本质上还是共用的,设定形状复合模式的操作,本质上是对形状路径进行操作。所以,如图 2-151 所示的形状路径被选中状态下,即使是矩形工具,将形状复合模式设为"减去顶层形状",会出现形状内部空心而外部被填充的情况,如图 2-151 所示。

图 2-151　改变已有形状路径的模式

此时,表示在椭圆形状中,第一条形状路径被设为相减,故椭圆外部出现填充色,而内部出现空心。如果切换其他图层,再次单击椭圆,此时椭圆的形状路径就会失去选择,而椭圆图层被选中,如图 2-152 所示。

图 2-152　选中形状图层

形状相减操出现如此多的波折,主要原因是默认的形状第一条路径复合模式一般默认为合并所导致——追加形状时,尽管将形状复合模式从新建改为了合并,此时第一个形状的形状路径可能也处于选中状态,但它默认是合并,所以这一步操作并不会改变什么。这也说明形状图层里面有形状路径,形状复合模式的运算,本质上都是针对形状图层中的形状路径而言的。使用矩形工具,将形状复合模式设为"减去顶层形状",并在椭圆上绘制,即能生成目标形状,如图 2-153 所示。

图 2-153　复合形状相减

(3) 形状相交和排除操作。

操作 2 中形状相交和排除与形状相减操作类似。首先,绘制形状时需注意形状绘制的先后顺序,同时在切换形状复合模式时,需确保形状图层被选中而形状路径不被选中,才能正常操作。

3. 形状的修改

复合形状的操作看似复杂,却是理解形状与路径之间关系的必经之路。通过对形状的修改,读者能够掌握形状与路径的关系。

（1）矩形修改为平行四边形。

利用"矩形工具"绘制矩形后，得到矩形图层和被选中的矩形路径，如图 2-154 所示。

图 2-154　锚点示例

当矩形路径被选中时，矩形路径的四个顶点会出现实心点，即锚点。处于实心点状态时，表示锚点被选中。可以切换到工具箱中的"直接选择工具"，如图 2-155 所示。

"直接选择工具"能够选中路径上的一个或多个锚点。按住"直接选择工具"拖曳，框住矩形路径上的锚点，如图 2-156 所示，矩形路径的右侧两个锚点已被选中。

可见，被选中的锚点是实心的，而未被选中的锚点是空心的。继续使用"直接选择工具"拖曳右侧两个被选中的锚点，弹出"此操作会将实时形状转变为常规路径"的提示，单击"是"按钮，矩形形状路径变成了平行四边形，如图 2-157 所示。

图 2-155　直接选择工具　　图 2-156　直接选择工具拖曳选中　　图 2-157　改变锚点位置使得
　　　　　　　　　　　　　　　右侧两锚点　　　　　　　　　　形状立刻改变

形状路径是决定形状轮廓的关键要素。在低版 Photoshop 中，绘制一个形状形成图层后，将得到一个纯色填充图层和一个矢量蒙版，双击纯色填充图层可更改填充颜色，单击矢量蒙版，并切换到"路径"面板，可编辑形状中的路径。随着 Photoshop 版本的演变，逐渐把形状图层更改为专门的样式 ，图层图标右下角多出一个方框，表示矢量蒙版而非单独的矢量蒙版图标。针对形状的属性增多，但依然兼容早期版本形状图层的所有特性。因此，形状图层的本质是填充图层加一个矢量蒙版，而矢量蒙版可在"路径"面板中打开。单击任一形状，如本例中椭圆减去矩形的形状，切换到"路径"面板，就能看到该形状的形状路径，如图 2-158 所示。

图 2-158　形状的路径

可以使用钢笔类和路径选择类工具，对该形状的路径进行调整，调整后的结果即刻影响形状本身。在本例中，使用"路径选择工具"将矩形再深入移进椭圆中，则椭圆被减去的区域变得更大，如图 2-159 所示。

（2）缺角矩形。

操作 3 中的缺角矩形，至少可以使用两种操作方法。比较简单的方法是通过矩形减去一个三角形来完成,操作结果如图 2-160 所示。

图 2-159 改变形状路径带来形状改变

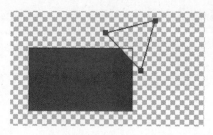

图 2-160 以复合形状的方法完成缺角矩形

此外,还可以通过钢笔工具完成。矩形少去一个角,本质上是一个五边形,有 5 个锚点。使用"钢笔工具",在选中的矩形路径上单击,即增加一个新的锚点,如图 2-161 所示。

新建立的锚点带有控制线和控制点,控制线和控制点用于控制曲线弧度,通过"转换点工具" 进行操作。本例中缺角矩形并没有曲线,故使用"转换点工具"直接单击锚点本身将其清除,如图 2-162 所示。

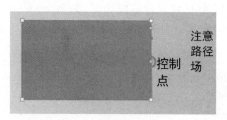

图 2-161 为矩形增加锚点

图 2-162 去除新增锚点的控制线

至此矩形上所有锚点均为角点——即没有控制线的锚点,使用"直接选择工具"选中左上角的锚点,沿矩形上边向左拖动适当距离。为保证平移,可在拖动时按住 Shift 键,限定其拖动范围,从而形成缺角矩形,如图 2-163 所示。

(3) 形状的填充与描边。

从新旧版 Photoshop 形成的两种方案分别讲解,能更好地理解 Photoshop 形状的原理。首先,添加旧版形状后绘制一个纯色五角星。

图 2-163 以锚点的方式完成缺角矩形

新版 Photoshop 的操作:选中五角星,并切换到任意形状工具,新版 Photoshop 可对形状填充和描边进行设置,故改变五角星的填充颜色和描边十分容易。只要设置填充颜色、描边颜色、描边粗细与线型,即可实现五角星填充和描边的改变。如果需要一个空心的五角星,可以把填充设定为无颜色 填充: 。

旧版 Photoshop 的操作:旧版 Photoshop 形状工具并没有填充和描边的选项,但能清楚地说明形状本质是填充图层与矢量蒙版的特性,新版 Photoshop 也能够模拟出旧版本的操作。在旧版本操作中,实现描边有一定的难度,一般通过添加"描边"图层样式来实现,如图 2-164 所示。

"描边"图层样式,并不是针对路径的描边,其本质是一种图层的样式特效。若将描边位

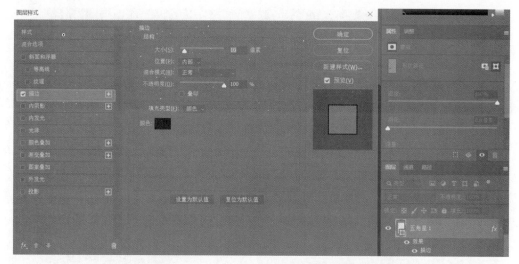

图 2-164　旧版 Photoshop 通过图层效果设置描边样式完成描边

置设在"外部",五角星的描边会出现明显的弧
度,故描边位置需设在"内部"。如果要获得空
心五角星,在图层设置描边后,在"图层"面板中
将"填充"滑动条设置到 0,如图 2-165 所示,从
而获得空心五角星。

　　本操作中应用渐变填充五角星的内部,本
质是利用渐变填充与矢量蒙版相结合的方法。

图 2-165　旧版 Photoshop 通过更改填充
设置形状内部填充的透明度

可以先建立渐变填充图层,再增加矢量蒙版并将其复制的方法,实现渐变填充的五角星。操
作步骤如下:首先,在 Photoshop 2020 的菜单中选择"窗口"→"渐变"命令,单击"渐变"面
板的 ▤ 按钮并选择"旧版渐变"命令追加旧版渐变;再利用"图层"面板→"创建填充或调
整图层"→"渐变"建立一个色谱类别的渐变填充,如图 2-166 所示。

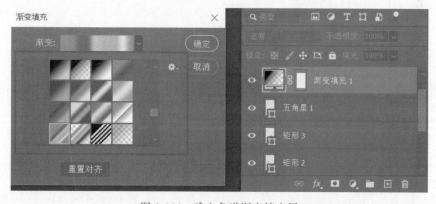

图 2-166　建立色谱渐变填充层

　　选中渐变填充图层,单击蒙版,为渐变填充图层建立矢量蒙版。选中五角星形状图层,
切换到"路径"面板,使用"路径选择工具"选中五角星的形状路径并进行复制,此时画面的状
态如图 2-167 所示。

图 2-167　选中五角星的路径并复制

选中渐变图层后,再次切换到"路径"面板,选中渐变填充图层的矢量蒙版,然后将五角星的形状路径粘贴,即能产生渐变填充的五角星形状,如图 2-168 所示。最后,使用形状工具,在选项条中调整该图层的描边即可。

图 2-168　为渐变填充层的矢量蒙版粘贴五角星路径

4. 路径工具

在日常设计中,经常需要制作较复杂的形状,而这些形状并不能够直接使用 Photoshop 提供的现成形状组合而成,则可以通过钢笔工具组对复杂形状的轮廓进行临摹。在应用钢笔类路径工具前,需要对路径的关键信息有所了解。其中,最重要的概念就是锚点、控制线与控制点。锚点、控制点与控制线,本质上恰好是高等数学分段函数中孤立奇点、左右导数、拐点的图形版演示。可以通过一个简单示意图加以阐述,如图 2-169 所示。

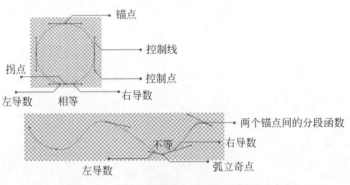

图 2-169　锚点、控制线与控制点的数学含义

两个锚点之间会有一段弧线或直线。如果两个锚点之间没有控制线,则是直线;如果两个锚点之间有控制线,则锚点间出现弧线,弧线弯曲的方向由控制线方向决定,弯曲的弧度由控制线长短决定。一段弧线发生突变的地方,一定存在锚点,且该锚点拥有不同方向的控制线;直线改变方向的位置一定存在锚点,且该锚点没有左右控制线,这种没有左右控制线的锚点又称为角点。在两个锚点构成的一段曲线上,可以添加任意多个新的锚点,若曲线本身没有改变,决定这条曲线形状的依然是位于曲线两端的锚点,其他锚点则是无效锚点。

Photoshop 的钢笔工具组和路径选择工具组主要用于操作锚点、锚点的控制线和控制点，如图 2-170所示。

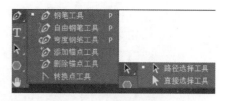

图 2-170　路径工具集合

钢笔工具：最常用的路径工具，可以创建光滑而复杂的路径。

自由钢笔工具：类似于真实的钢笔工具，允许在单击并拖动鼠标时创建路径。

弯度钢笔工具：可用来创建自定形状或定义精确的路径，无须切换快捷键即可转换钢笔的直线或曲线模式。

添加锚点工具：为已经创建的路径添加锚点。

删除锚点工具：从路径中删除锚点。

转换点工具：用于转换锚点的类型，可以将路径的圆角转换为尖角，或将尖角转换为圆角。

路径选择工具：用于选择整条路径。移动光标至路径区域内任意位置单击鼠标，路径的所有锚点被选中，锚点以黑色实心显示，此时拖动鼠标可移动整条路径。

直接选择工具：单击一个锚点即可选择并调整该锚点；选中锚点为黑色实心方块，未选中的锚点为空心方块；单击一个路径段，可以选择该路径段。

选择"钢笔工具"后，可在工作界面上方看到"钢笔工具"选项栏，这个选项栏类似于形状工具的选项栏，其本质是一样的。"钢笔工具"默认为"路径"工作模式。使用"钢笔工具"时，最好先切换到"路径"面板，新建一个明确的路径图层后再进行操作。如果"钢笔工具"在"形状"工作模式，则会产生形状图层。使用"钢笔工具"绘制时，在最后一个锚点没有和第一个锚点重合前——即闭合路径前，该形状自动连接第一个锚点和最后一个锚点。

钢笔工具组与路径选择工具组的工具虽多，在实际应用中也有一些简化的操作。"钢笔工具"在路径上单击，即为路径添加一个锚点，路径的形状不会改变，临时性成为添加锚点工具；使用"钢笔工具"单击路径上锚点，则会删除该锚点，临时性成为删除锚点工具；使用"钢笔工具"并按下 Ctrl 键，则临时性成为直接选择工具，可以调整锚点位置或路径形状；使用"钢笔工具"并按下 Alt 键，则临时性成为转换点工具用以改变曲线的弧度。因此，"钢笔工具"配合快捷键几乎可以代替所有的路径工具。需注意的是，使用"钢笔工具"绘制路径时，可能因为切换使用路径选择类工具，或单击了"路径"面板中的其他路径图层，导致当前路径绘制被中断。因此，再次使用"钢笔工具"时，需先对已有路径的最后端点单击，才能保证路径的绘制是接着上一条路径继续，否则将新建一条路径。

路径工具可以从简单的文字开始临摹，再逐渐转换到临摹各类媒体作品中的复杂形状或某一物体的轮廓——即应用路径"抠图"。操作路径工具，都以路径制作时有多少"有效锚点"为依据。路径工具的掌握是学习 Photoshop 的重要环节，下面给出应用路径工具的练习方案。

练习 1：临摹文字。完成形状路径练习图的操作 4，即对文字进行路径临摹，这里选择阿拉伯数字 6。文字具有外轮廓和内轮廓两个部分，是一种比较典型的路径学习方案，适用于初学者充分掌握钢笔工具、添加锚点工具、删除锚点工具、转换点工具以及直接选择工具的综合应用，如图 2-171 所示。

临摹过程中，轮廓精度应尽可能高，而锚点应尽可能少。从最终临摹的结果看，外轮廓有 6 个锚点，内轮廓有 4 个锚点，本练习限定锚点在 10 个左右，如图 2-172 所示。

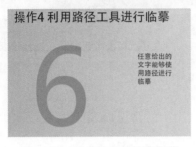

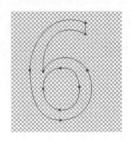

图 2-171　简单数字的轮廓临摹　　　　　　　　图 2-172　简单数字的轮廓临摹结果

练习 2：元素复刻。如图 2-173 所示，临摹左图元素的形状，复刻生成右图具有相似特征但又不完全相同的新作品。

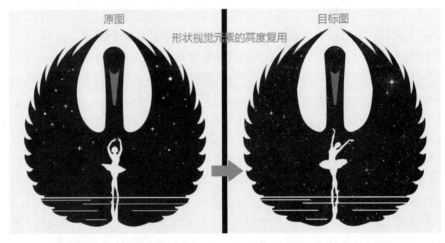

图 2-173　元素形状临摹与重组

本案例中，天鹅的轮廓是对称的，其一半的有效锚点为 40～50 个，人物的有效锚点视素材的复杂程度而定，一般在 100 个左右。这里重点对天鹅轮廓的临摹进行讲解。

由于天鹅整体是对称的，可以在画面中心添加一条垂直参考线，然后完成其一侧轮廓路径的临摹，如图 2-174 所示。用户可以改变原图底稿的不透明度，从而能够清晰地看到钢笔在临摹时的路径线；临摹到天鹅翅尖时，可以使用导航器或鼠标滚轮缩放画面，从而进行更为精细的操作。

当天鹅轮廓的一侧临摹完后，使用"路径选择工具"选中该轮廓，复制并粘贴进入当前路径图层，执行"编辑"→"变换路径"→"水平翻转路径"，然后移动到对称位置。这里需要注意的是两条路径的路径模式均为合并形状  模式，如图 2-175 所示。

天鹅内部的人物本身是一个剪影轮廓，可以采用任意类似的剪影代替，根据剪影轮廓进行路径临

图 2-174　天鹅外轮廓一半的路径临摹

摹,最终结果如图 2-175 所示。

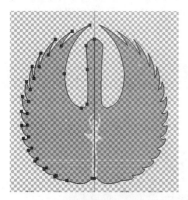
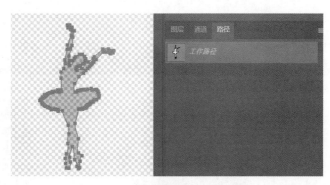

图 2-175　复制翻转外轮廓一半最终　　　　图 2-176　芭蕾舞剪影的路径临摹
　　　　　 拼合出天鹅外轮廓

　　将人物的剪影路径复制并粘贴进入天鹅轮廓的路径层,适当调整其大小,并将路径模式
设为"减去顶层形状",如图 2-177 所示。

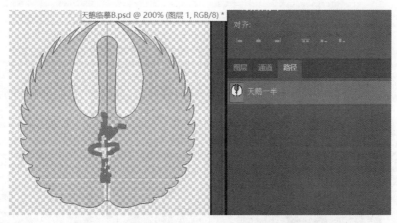

图 2-177　将芭蕾舞路径粘贴入天鹅轮廓路径中

　　需要注意的是,人物的剪影路径一定要复制到天
鹅轮廓路径层中,而不是新建的路径层;以上操作都是
在"路径"面板状态下完成的,而不是"图层"面板。

　　将人物的路径再次复制并粘贴,执行"编辑"→"变
换路径"→"垂直翻转",适当调整翻转后的路径,从而
得到人物的倒影,如图 2-178 所示。

　　使用"直线工具",设置合适的粗细,绘制天鹅中的
水纹,如图 2-179 所示。

　　Photoshop 的"直线工具",即可看作有四个锚点的
扁矩形,以区分使用"钢笔工具"绘制的包含两个锚点
的直线路径。因此,水纹的本质是矩形,用"矩形工具"
也可以绘制。至此,天鹅的主体轮廓绘制完成,再给路
径设置适当的填充颜色,即完成了天鹅主体的复刻,如

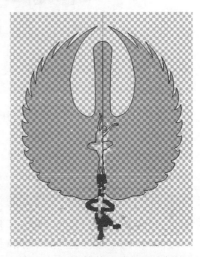

图 2-178　翻转剪影路径形成倒影

第2章　Adobe Photoshop数字图像处理 ◀◀

图 2-180 所示。

除了填充颜色,也可选择一张星空图片进行填充,如图 2-181 所示。最后,使用类似的操作方法完成天鹅嘴及文字的复刻,从而完成天鹅复刻的作品。

图 2-179　绘制直线路径作为水纹　　　图 2-180　为绘制后的天鹅工作路径设定红色填充

图 2-181　为绘制后的天鹅工作路径以星空图进行填充

2.4.3　矢量蒙版与剪贴蒙版

1. 矢量蒙版

微课视频

微课视频

当使用形状类工具,以路径工作模式在路径层建立完毕后,得到的是一个"虚"的形状轮廓,内部没有任何填充。在路径层处于被选中的状态下,切换到"图层"面板,针对任意已有图层,为其建立矢量蒙版,就能够将绘制的路径复制到该图层的矢量蒙版中,并按照路径的设置展示轮廓。使用路径的常见方法如图 2-182 所示。

另一个方法是在路径图层绘制完成后,选中该路径图层,切换到"图层"面板,建立填充图层,此时建立的任何填充图层,都具有从路径层复制过来的路径,如图 2-183 所示。

通常,填充图层以纯色填充图层和渐变填充图层为主。选中任意一个用形状工具绘制的形状,并将其切换到"路径"面板,就能够看到编辑该形状的矢量蒙版,如图 2-184 所示。

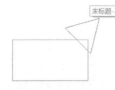

步骤1：在"路径"面板建立路径轮廓，本例中为矩形轮廓减去三角形形成的缺角矩形

步骤2：路径保持选中的情况下，切入"图层"面板，置入图层素材，随后两次单击蒙版图标，建立矢量蒙版

步骤3：素材图层将根据刚才选中的缺角矩形路径，被裁剪成缺角矩形的轮廓

步骤4：本质上，是将才建立的缺角矩形工作路径，复制到素材图层的矢量蒙版中，形成的矢量蒙版结果

图 2-182　常见的工作路径转换矢量蒙版操作

步骤1：在"路径"面板建立好工作路径并保持路径选中后，切换到"图层"面板，单击填充图层图标，建立纯色、渐变、图案任意填充图层

步骤2：此时将根据填充图层的设定以及路径的轮廓形成按照路径轮廓进行裁剪的形状。

图 2-183　常见的工作路径填充操作

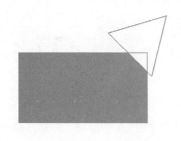

图 2-184　形状图层的本质是填充图层加上矢量蒙版

　　在路径层建立后，还可在路径层上右击，选择"建立选区"命令，从而建立基于该路径轮廓的选区，再为需要操作的图层添加图层蒙版。但需要注意的是，图层蒙版的本质是灰度图，不再是矢量。如果放大素材图层，其边缘轮廓会出现画质下降的情况，故一般不推荐使用该方法。

　　综上所述，矢量蒙版与路径、形状、填充图层、素材图层之间的关系，可以用一张关系图表示,如图 2-185 所示。

2. 剪贴蒙版

剪贴蒙版是通过下方图层(基底层)的形状来限制上方图层(剪贴层)内容的显示范围,常用于合成中为某个图层赋予另外一个图层中的内容,达到一种剪贴画效果的蒙版。

至少需要上下两个图层才能创建剪贴蒙版,如图 2-186 所示。该树皮效果文字就是应

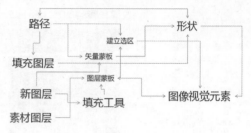

图 2-185　路径、矢量蒙版、形状彼此的转换关系

用剪贴蒙版制作的,上方树皮纹理图层作为剪贴层,下方文字图层作为基底层。选中上方树皮纹理图层即剪贴层后,执行"图层"→"创建剪贴蒙版"命令,下方相邻的文字图层默认作为基底层,且图层名称下方显示一条下画线。

图 2-186　剪贴蒙版操作示意

在已有剪贴蒙版的情况下,如果将其他图层拖动到基底图层的上方,即可将其加入到该剪贴蒙版组中,剪贴蒙版组中的内容图层顺序可随意调整。如果不再需要该剪贴蒙版,可选中剪贴层后,执行"图层"→"释放剪贴蒙版"命令即可释放剪贴蒙版,剪贴蒙版对图像没有任何破坏性。

2.5　视觉元素的填充

微课视频

路径与形状类工具可以绘制出视觉元素的轮廓,将它们采用纯色、渐变色或者图案进行填充,就能将这些视觉元素实体化。本节将阐述常见的填充方法和技巧,主要包括油漆桶、渐变和拾色器等工具。

2.5.1　颜色的 HSV 属性

在填充颜色前,仅理解构成颜色的 RGB 或者 CYMK 颜色模式是不够的。RGB 三原色的方式能够很好地利用计算机表达颜色,但这种表达方式让人无法知道某种具体颜色的视觉观感,如一个 R=240,G=169,B=90 的颜色到底是什么颜色? 故颜色系统还有另一种针对颜色属性的表达方式,即色相、饱和度和明度的 HSV 表达方式。

色相(Hue)指颜色的相貌即什么颜色,在一个圆上进行旋转,0°的颜色为正红色,旋转 60°,正 60°的颜色是正黄色,120°的颜色是正绿色,180°的颜色是正青色,240°的颜色是正蓝色,300°的颜色(或者-60°的颜色)是正品红色,到了 360°则又回到了 0°成为正红色。每种

彩色颜色必然有一个色相，该色相是一个角度，已知角度就可以判断它更靠近哪一种三原色。一种颜色加上180°角后得到另一种颜色，那么两个颜色就称作对色，如红色的对色是青色。任何一种颜色和它相邻60°的颜色是邻色，洋红和黄色就是红色的邻色。可以利用色相的角度特性绘制色相图，如图2-187所示。

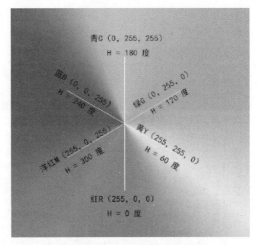

图2-187　颜色的色相

饱和度（Saturation）表示色彩的浓度即艳丽程度。如果一个颜色达到了最艳丽的程度，饱和度就是100%；如果一个颜色是黑、白、灰，饱和度就是0。例如，红色的饱和度从0到100的变化情况，如图2-188所示。

明度（Brightness）是指色彩的明暗程度。不同色相存在明暗差异，同一色相也有明暗深浅的变化。对于任何颜色，如果明度为0，就是黑色；明度达到100%，则变为白色，如图2-189所示。

图2-188　颜色的饱和度

图2-189　颜色的明度

在这个颜色体系下，设定颜色首先需要确定颜色的本身属性，即色相属性，然后再去决定它的饱和度值和亮度值，从而得到任意颜色。同时，这种体系下的颜色表达，有一类特殊的颜色，那就是黑白灰，黑白灰颜色的特点是R、G、B三个值相同，所有的黑白灰，可以是任意色相值，但饱和度为0。

颜色具有三个重要属性，所有颜色在一起必然是一个空间图形，可以把所有颜色用一个锥体来表示，这个锥体就是色锥。色锥底面圆盘最外围的饱和度最高，明度最高的颜色按色相进行360°旋转，色锥底面圆盘靠近中心位置饱和度降低。若色锥纵深向下，则明度降低，直至成为黑色，如图2-190所示。

HSV颜色表达方式和RGB三原色表达方式的关系，类似于平面坐标系和极坐标系的转换关系，由HSV设置的颜色代码也完全可以变成RGB颜色。

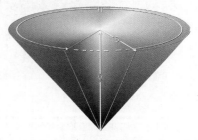

图2-190　色锥

Photoshop拾色器与HSV的关系一目了然，由于计算机屏幕并不能展示三维色锥模型，故Photoshop拾色器其实分为色盘和色相两个部分，如图2-191所示。在"拾色器"面板中可以先通过拉动色相条获得颜色，属于该色相的全部颜色以平面的形式列在左侧的色盘中，从而可以选择某一个具体颜色。

以上拾色器是在默认的锁定色相为色条的工作模式下，实际上也可以设定锁定明度、饱和度、RGB等任何一个量为色条参数。例如，选中饱和度S单选按钮，此时色条就会变为饱和度的变化范围，而色盘则是符合该饱和度的所有颜色，如图2-192所示。

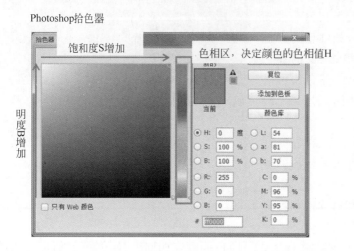

图 2-191 Photoshop 的拾色器

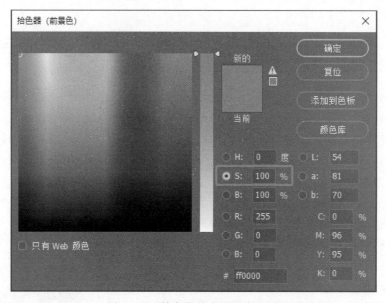

图 2-192 拾色器锁定饱和度选项

此外,当拾色器面板出现后,鼠标移动到面板外即变成吸管形状,可以提取其他图案的颜色,并分析它的色相、明度、饱和度属性。这个操作对应工具箱中的吸管工具,具体请参阅2.5.2节。

2.5.2 纯色填充与相关工具

在 Photoshop 中完成颜色填充就涉及设置颜色的相关操作技能,可以通过多种方法来设置颜色。例如,可以用"吸管工具"拾取图像的颜色,也可以使用"颜色"面板或"色板"面板等设置颜色。

1. 前景色与背景色

工具箱中的前景色与背景色是用户当前使用的颜色。它由设置前景色、设置背景色、切换前景色和背景色以及默认前景色和背景色等部分组成,如图 2-193 所示。

"设置前景色"色块:该色块中显示的是当前使用的前景颜色,通常默认为黑色。单击工具箱中的"设置前景色"色块,在打开的"拾色器(前景色)"对话框中可以选择所需颜色。

默认前景色与背景色 ── 切换前景色与背景色
设置前景色 ── 设置背景色

图 2-193 前景背景颜色设置

"设置背景色"色块:该色块中显示的是当前使用的背景颜色,通常默认为白色。单击该色块,即可打开"拾色器(背景色)"对话框,在其中可对背景色进行设置。

"默认前景色和背景色"按钮:单击该按钮,或按 D 键,可恢复前景色和背景色为默认的黑白颜色。

"切换前景色和背景色"按钮:单击该按钮,或按 X 键,可切换当前前景色和背景色。

2. 拾色器

单击工具箱中的"设置前景色"或"设置背景色"色块,在"图层"面板中单击建立纯色填充图层,双击形状图层的图标,文字工具设定文字颜色的色块,或在建立形状时填充和描边的色块等操作都可以后打开"拾色器"对话框,如图 2-194 所示。

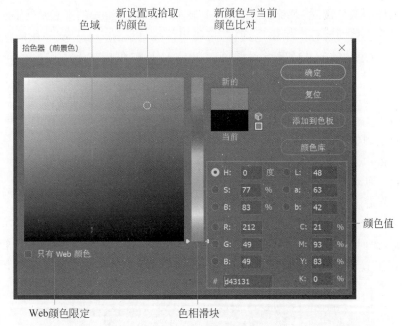

图 2-194 "拾色器"对话框

在"拾色器"对话框中,可以基于 HSB、RGB、Lab、CMYK 等颜色模式指定颜色,还可以将拾色器设置为只能从 Web 安全色或几个自定颜色系统中选取颜色。"拾色器"对话框中部分属性说明如下。

新设置或拾取的颜色:显示当前拾取的颜色,拖动鼠标指针可显示光标的位置。

色域:在色域中可通过单击或拖动鼠标来改变当前拾取的颜色。

只有 Web 颜色:勾选该复选框,在色域中只显示 Web 安全色,此时颜色范围缩小,色域上出现明显的颜色分界线,拾取的任何颜色都是 Web 安全颜色,如图 2-195 所示。

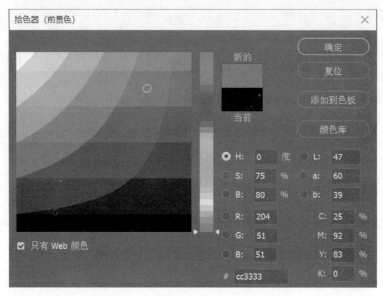

图 2-195　只有 Web 颜色的拾色器颜色

新颜色与当前颜色比对:"新的"颜色块中显示的是当前设置的颜色;"当前"颜色块中显示的是上一次设置的颜色。单击该图标,可将当前颜色设置为上一次使用的颜色。

颜色值:输入颜色值,可精确设置颜色。在 CMYK 颜色模式下,以青色、洋红、黄色和黑色的百分比来指定每个分量的值;在 RGB 颜色模式下,指定 0~255 的分量值;在 HSB 颜色模式下,以百分比指定饱和度 S 和亮度 B,以及 0°~360°的角度指定色相 H;在 Lab 颜色模式下,输入 0~100 的亮度值 L 以及 -128~+127 的 a 值和 b 值;在 ♯ 文本框中,还可输入一个十六进制值表示颜色,例如,000000 是黑色,ffffff 是白色。

添加到色板:单击该按钮,可以将当前设置的颜色添加到"色板"面板。

颜色滑块:拖动颜色滑块可以调整颜色范围。

颜色库:单击该按钮,可以切换到"颜色库"对话框。

吸管工具:在"拾色器"对话框中,可以将鼠标指针移动到 Photoshop 的其他任意位置拾取颜色信息,此时就是吸管工具的作用。该功能的完善处理可以使用工具箱中吸管工具来实现。在工具箱中选择"吸管工具" 后,可打开"吸管工具"的选项栏,如图 2-196 所示。

图 2-196　吸管工具选项栏

取样大小:用来设置"吸管工具"拾取颜色的范围大小,其下拉列表如图 2-197 所示。选择"取样点"选项,可拾取光标所在位置像素的精确颜色;选择"3×3 平均"选项,可拾取光标所在位置 3px 区域内的平均颜色;选择"5×5 平均"选项,可拾取光标所在位置 5px 区域内的平均颜色,其他选项以此类推。

样本:用来设置"吸管工具"拾取颜色的图层,下拉列表如图 2-198 所示。包括"当前图层""当前和下方图层""所有图层""所有无调整图层""当前和下一个无调整图层"5 个选项。

由于 Photoshop 画布在操作时拥有众多图层,如果是拾色器对应的吸管,一般会提取当前选中图层本身或其蒙版所对应的颜色,而在吸管工具中则默认为所有图层最终呈现出的颜色,也可设定为其他需要的情况。

图 2-197 吸管工具取样点

图 2-198 吸管工具样本

在 Photoshop 中,纯色填充可通过工具箱的"油漆桶工具"和填充图层中的纯色填充实现,均默认使用前景色。两者主要区别在于:"油漆桶工具"产生的图层为像素图层;纯色填充图层产生的图层一般需要搭配矢量蒙版,从而形成形状图层,不能使用像素工具对其操作。"油漆桶工具"和填充图层的详细操作如下:"油漆桶工具"用于在图像或选区中填充颜色或图案,但填充前会对单击位置的颜色进行取样,从而只填充颜色相同或相似的图像区域。"油漆桶工具"的选项栏如图 2-199 所示。

图 2-199 油漆桶工具选项栏

"填充"列表框:可选择填充的内容,默认为"前景"。当选择"图案"作为填充内容时,"图案"列表框被激活,单击其右侧的按钮,可打开"图案"下拉面板,从中选择所需的填充图案。

"图案"列表框:可选择填充的图案,也可进行图案的载入、复位、替换等操作。

模式:设置实色或图案填充的模式。

不透明度:用来设置填充内容的不透明度。

容差:用来定义填充像素颜色的相似程度。低容差则填充颜色值范围内与样本颜色非常相似的像素,高容差则填充更大范围内的像素。

消除锯齿:勾选该复选框,可以平滑填充选区的边缘。

连续的:勾选该复选框,只填充与鼠标单击处相邻的像素;取消勾选时,可填充图像中所有相似的像素。

所有图层:勾选该复选框,表示基于所有可见图层中的合并颜色数据填充像素;取消勾选,仅填充当前图层。

填充纯色图层可以在"图层"面板→"创建填充或调整图层"→"纯色"中进行添加,如图 2-200 所示。执行纯色填充图层,先打开拾色器设定颜色,然后直接在画布上建立对应颜色的填充图层。填充图层建立后,自带白色图层蒙版;如果在建立填充图层时,在"路径"面板中有选中的路径层,则直接根据路径层产生对应的形状。纯色填充图层与路径之间的关系就是形状与矢量蒙版的关系。

图 2-200 纯色填充图层

2.5.3 渐变的相关操作

渐变填充不仅可以填充图像,还可以填充图层蒙版、快速蒙版和通道。与渐变相关的操作主要包括工具箱中的"渐变工具",调整图层中的"渐变填充"图层以及图层样式中的"渐变叠加"图层样式等。不同的渐变功能调出后,界面略有不同。如图 2-201 是工具箱中"渐变工具"的选项栏与"渐变填充"对话框之间的对应关系。

图 2-201 渐变工具选项栏与"渐变填充"对话框

与渐变本身相关的渐变编辑、渐变样式,在选项栏和对话框中是一一对应的。由于"渐变工具"在使用时需要用鼠标从渐变起点拖曳到终点,而操作"渐变填充"对话框时,不具备拖曳鼠标的条件,故在"渐变填充"对话框中变为角度。由"渐变工具"本身产生的渐变图层是像素图层,故具有像素图层所有特性;由"渐变填充"产生的渐变图层本身是填充图层,一般通过矢量蒙版来表达矢量形状,故具有与矢量形状相关的特有指令。下面重点对"渐变工具"的选项条进行详细阐述。

渐变颜色条:渐变颜色条中显示了当前的渐变颜色,单击右侧的 按钮,可以在打开的下拉面板中选择一个预设的渐变颜色,如图 2-202 所示。

需要注意的是,在 Photoshop 2020 中,渐变的预设较之前版本发生了较大变化。2020 版的渐变预设更偏向于设计层面的归类,将某一种颜色的常用渐变放置在一起,渐变预设更加注重渐变的功能。预设通常是从前景色到背景色、从

图 2-202 渐变预设

前景色到透明、三色渐变、色谱渐变等功能性的预设。为用户能更好地自定义设置渐变,本节使用旧版渐变进行介绍。打开"窗口"→"渐变"面板,单击右上角的 图标,如图 2-203 所示。在弹出的菜单中,找到"旧版渐变"命令并单击,如图 2-204 所示。Photoshop CC 2019以及之前的渐变预设即出现在渐变预设中,如图 2-205 所示。

图 2-203 渐变窗口追加旧版渐变

图 2-204 渐变窗口追加旧版渐变命令

　　如果直接单击渐变颜色条,则会弹出"渐变编辑器",在"渐变编辑器"中可以编辑渐变颜色或保存该渐变颜色。例如,打开一个"旧版默认渐变"中的"色谱"预设渐变编辑器,如图 2-206 所示。

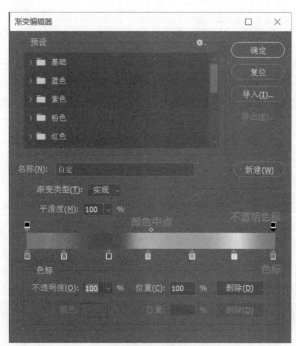

图 2-205 "旧版渐变"出现在渐变预设中

图 2-206 渐变编辑器

第2章 Adobe Photoshop数字图像处理

预设：在编辑渐变之前可从预设框中选择一个渐变，用户可在此基础上进行编辑修改。

渐变类型：设置显示为单色形态的"实底"或显示为多色带形态的"杂色"。

平滑度：调整渐变颜色的平滑程度。"平滑度"值越大，渐变越柔和；值越小，渐变颜色越分明。

色标：定义渐变中应用的颜色或调整颜色的范围，拖动色标滑块可以调整颜色的位置；单击渐变颜色条可以添加色标；选中色标，单击"删除"按钮即可删除该色标。

不透明度色标：调整渐变颜色的不透明度值，值越大越不透明。编辑方法与编辑色标的方法相同。

颜色中点：拖动滑块调整颜色或透明度过渡的范围。

渐变根据其样式的不同，可以分为线性、径向、角度、对称和菱形五种渐变样式。单击"线性渐变"按钮，可创建以直线方式从起点到终点的渐变；"径向渐变"可以创建以圆形方式从起点到终点的渐变；"角度渐变"可创建围绕起点以逆时针方式扫描的渐变；"对称渐变"可创建使用均衡的线性渐变在起点的任意一侧渐变；"菱形渐变"则以菱形方式从起点向外渐变，终点定义菱形的一个角。渐变预设与渐变样式相结合，配合鼠标拖曳就可以产生各种渐变效果。下面给出渐变预设设定为从前景色到背景色 ，鼠标拖曳从左侧水平向右即角度为 0°，绘制出不同渐变样式的渐变效果，如图 2-207 所示。

线性渐变　　　　径向渐变　　　　角度渐变　　　　对称渐变　　　　菱形渐变

图 2-207　渐变的不同类别

渐变设置完成后，就可以使用"渐变工具"或"渐变填充"图层完成渐变操作。"渐变工具"是通过鼠标拖曳绘制，产生一条渐变线，是像素图层，实现从渐变起点颜色到终点颜色的绘制，这条渐变线具有起点、终点和角度三个关键要素。而"渐变填充"图层不会出现鼠标拖曳的操作，一般配合矢量蒙版，产生填充内容为渐变的形状，无法对其使用像素类工具。

2.5.4　图案填充

当建立好形状路径后，若里面的填充是图案，称为图案填充，如图 2-208 所示。图 2-208(a)图

(a)　　　　　　　　　　　　　　　　　(b)

图 2-208　图案填充

案的大小与形状的大小大致相同,图案填充的效果类似于图案素材被形状做了裁切;图 2-208(b)的五角星图案本身是一个非常小的单元图像,必须平铺复制后才能填充满天鹅的形状。

在 Photoshop 中,可使用"油漆桶工具"或"图案填充"图层完成图案填充。"油漆桶工具"针对空的像素图层操作,其结果本身也是像素图层;"图案填充"图层则产生填充图层,本身并不是像素图层。在图案填充前,需对 Photoshop 的预设图案进行设置,选择"窗口"→"图案"命令,将打开"图案"预设编辑面板,如图 2-209 所示。

图 2-209 图案填充预设

Photoshop 2020 整合了一些新的图案素材作为单元图像,用户也可以单击右上角的 ▤ 按钮,在菜单中选择"旧版图案及其他"来添加旧版的图案预设。在使用"油漆桶工具"或"图案填充"图层时,就可以选择旧版中的图案,如图 2-210 所示。

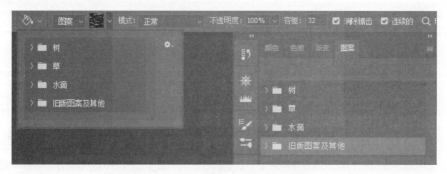

图 2-210 添加旧版图案填充

图 2-208 作为图案的五角星单元图像,用户可以应用 Photoshop 自行制作设计并定义图案。首先,创建一个 25×25px 的图像文件作为图案素材,如图 2-211 所示。然后,执行"编辑"→"定义图案"命令,在"图案名称"对话框中输入名称,即可将其添加到系统图案中。操作成功后,在"图案"面板中显示用户自定义的五角星图案,如图 2-212 所示。

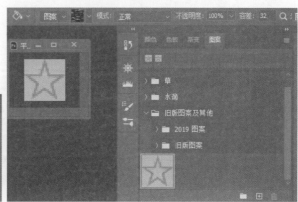

图 2-211 五角星图案图像

图 2-212 添加自定义图案

2.6 常用滤镜与像素工具

本节将介绍 Photoshop 的常用滤镜和几组像素工具。

2.6.1 常用滤镜

Photoshop 的滤镜是一种插件模块,其种类繁多,功能和应用各不相同,但在使用方法上有许多相似之处。位图是由像素构成的,每一像素都包含位置和颜色等信息。滤镜遵循一定的数学算法,通过对像素的位置、颜色、亮度、饱和度和对比度等属性进行计算和变换处理,从而产生图像的各种特殊效果。因此,如果是对文本或矢量形状对象添加滤镜,则必须先栅格化后才能应用滤镜,意味着文字和矢量形状不能再编辑。根据不同的来源,滤镜可分为内置滤镜和外挂滤镜两大类。内置滤镜是 Photoshop 自身提供的各种滤镜,外挂滤镜则由其他厂商开发,用户需预先下载安装后才能在 Photoshop 中使用。本节重点介绍几组常用的内置滤镜。

1. 滤镜库

"滤镜库"是一个整合了风格化、画笔描边、扭曲和素描等多个滤镜组的对话框,它可以将多个滤镜同时应用于一个图像,也能对同一图像多次应用同一滤镜,或用其他滤镜替换原有滤镜。可通过"滤镜"→"滤镜库"命令打开"滤镜库"面板,如图 2-213 所示。

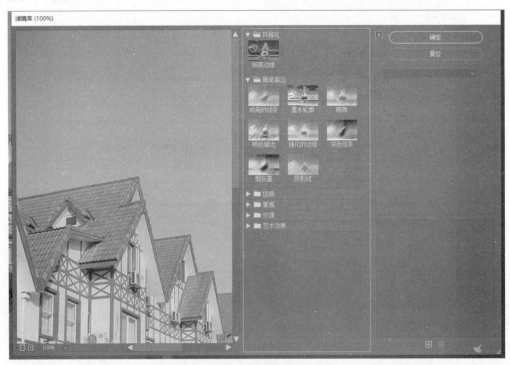

图 2-213 "滤镜库"面板

预览区:用来预览滤镜效果。

滤镜组、参数设置区:"滤镜库"中共包含 6 组滤镜,单击一个滤镜组前的按钮,可以展开该滤镜组,单击滤镜组中的一个滤镜即可使用该滤镜,同时在右侧的参数设置区显示该滤镜的参数选项。

当前选择的滤镜:显示了当前使用的滤镜。

显示、隐藏滤镜缩览图:单击该按钮,可以隐藏滤镜组,将窗口空间留给图像预览区;再次单击,则显示滤镜组。

下拉列表:单击按钮,可在打开的下拉列表中选择一个滤镜。

缩放区:单击"+"按钮,可放大预览区图像的显示比例;单击"-"按钮,则缩小显示比例。

效果图层:在"滤镜库"中选择一个滤镜后,滤镜即出现在对话框右下角的已应用滤镜列表中,如图 2-214 所示。

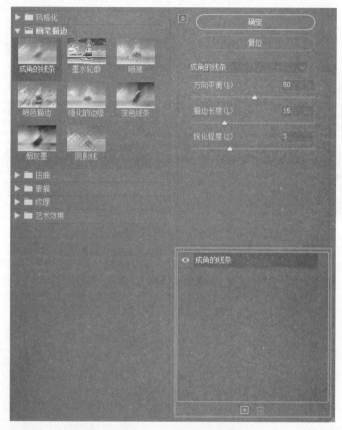

图 2-214 滤镜库列表

单击"新建效果图层"按钮 ▦,可以添加一个效果图层,此时可以选择其他滤镜,图像效果也将变得更加丰富。例如,给一幅图像同时添加"成角的线条"和"墨水轮廓"后的效果如图 2-215 所示。

滤镜效果图层与图层的编辑方法相同,上下拖曳效果图层可以调整它们的堆叠顺序,滤镜效果也会发生改变,单击删除 🗑 按钮,可以删除效果图层;单击图标前的眼睛 👁,可以隐藏或显示滤镜。

2. 渲染类滤镜

"渲染"滤镜组中的滤镜可以在图像中创建灯光效果、3D 形状和折射图案等,是非常重

图 2-215　为图像增加多种滤镜库滤镜效果

要的特效制作滤镜,如图 2-216 所示。

　　"云彩"滤镜可以将介于前景色和背景色之间的随机值生成柔和的云彩图案,如图 2-217
所示。

图 2-216　"渲染"滤镜组

图 2-217　"云彩"滤镜效果

　　"分层云彩"滤镜可以将云彩数据和现有的像素混合,与"差值"模式混合颜色的方式相
同。"云彩"和"分层云彩"滤镜一般会建立一个新的图层进行操作,以便后期与原图层形成
各种特效。

　　"纤维"滤镜可以使用前景色和背景色随机创建编制纤维效果,如图 2-218 所示。

　　"光照效果"滤镜是一个强大的灯光效果制作滤镜,包含 17 种光照样式、3 种光源,可以
产生无数种光照。该滤镜一般直接在素材层上进行操作,还可以使用灰度文件的纹理(称为
凹凸图)产生类似 3D 状的立体效果,如图 2-219 所示。

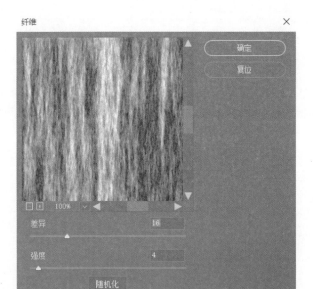

图 2-218 "纤维"滤镜效果

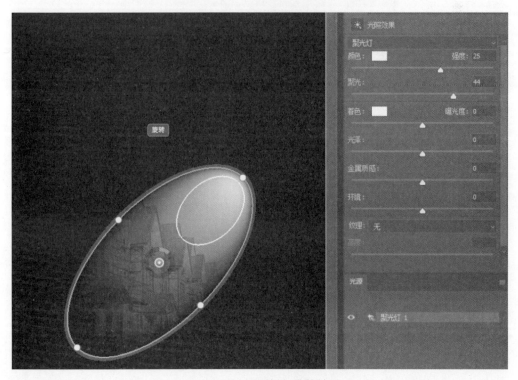

图 2-219 "光照效果"滤镜效果

　　"镜头光晕"滤镜可以模拟亮光照射到相机镜头所产生的折射,常用来表现玻璃、金属等材质的反射光,或用来增强日光和灯光效果,如图 2-220 所示。镜头光晕效果一般用于新建一个新图层,且将新图层用油漆桶填充为黑色后,再进行使用,由此产生的光晕效果图层,可将图层模式更改为滤色,实现图像特效,如图 2-221 所示。

第2章　Adobe Photoshop数字图像处理　◀◀

图 2-220 "镜头光晕"滤镜效果

图 2-221 "镜头光晕"滤镜的应用

3. 模糊类滤镜

"模糊"滤镜组是一组以高斯模糊为基础算法的滤镜组,包含高斯模糊、表面模糊、动感模糊、径向模糊等 11 种滤镜。"模糊"滤镜组均直接针对像素素材层进行操作,可以柔化像素,并降低相邻像素间的对比度,使图像产生柔和、平滑的效果。

"高斯模糊"滤镜可以添加低频细节,使图像产生一种朦胧效果。通过调整"半径"值可以设置模糊的范围,以 px 为单位,数值越高,模糊效果越强烈。滤镜执行效果如图 2-222 所示。

图 2-222 "高斯模糊"滤镜效果

其他模糊滤镜大多在高斯模糊算法基础上进行演化,除了设定模糊值,也会有模糊方向、模糊方式等设置,如方框模糊,如图 2-223 所示。

图 2-223 "方框模糊"滤镜效果

4. 扭曲类滤镜

"扭曲"滤镜组一共包含 9 个滤镜,主要运用几何学原理对图像的像素数据进行变形,以创造出三维效果或其他整体变化效果。每个滤镜都能产生一种或数种特殊效果,但都离不开一个特点,就是对图像中所选取的区域进行各种变形和扭曲。例如,应用"扭曲"→"极坐标"滤镜可将一条彩色直线变形为一个圆形,如图 2-224 所示。

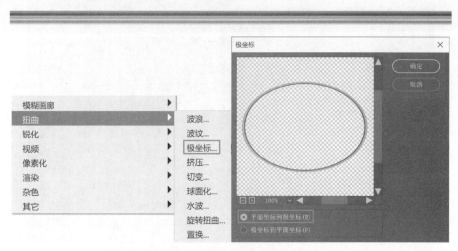

图 2-224 "扭曲"滤镜

微课视频

2.6.2 具有笔触的像素工具

在 Photoshop 像素工具中,有一类工具具有类似画笔的设置,针对像素图层可以产生不同的作用效果,这些工具就是具有笔触的像素工具,如图 2-225 所示。

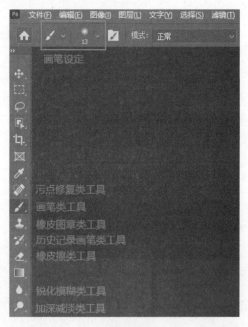

图 2-225 具有笔触的 Photoshop 工具

具有笔触的像素工具主要由画笔类工具、污点修复类工具、橡皮图章类工具、历史记录画笔类工具、橡皮擦类工具、锐化模糊类工具、加深减淡类等工具组成,这类工具的画笔选项栏十分相似,这里以画笔工具的设置为例展开介绍,如设置画笔笔尖形状和大小,设置不透明度、流量等画笔属性,如图 2-226 所示。

打开画笔面板   喷枪

画笔预设   流量   绘画板压力

图 2-226   画笔工具选项设置

（1）画笔预设。

单击画笔选项栏右侧的按钮，打开画笔的下拉面板，如图 2-227 所示。在该面板中，可以选择画笔笔尖样本，设置画笔的大小和硬度。Photoshop 2020 的画笔笔尖大致可以分为常规画笔、干介质画笔、湿介质画笔和特殊效果画笔等类型。硬边绘制的线条具有清晰的边缘；所谓柔角和柔边，就是线条的边缘呈现逐渐淡出的柔和效果。硬度：用来设置画笔笔尖的硬度。将笔尖硬度设置为 100%，可以得到硬边画笔，具有清晰的边缘；笔尖硬度低于100% 时，可得到柔角笔尖，其边缘是模糊的；当硬度为 0 时，边缘达到最大模糊。大小：拖曳滑块或在文本框中输入数值，可以调整画笔的直径大小。

（2）打开画笔面板。

单击切换"画笔设置"按钮 ，可打开"画笔设置"面板，如图 2-228 所示。

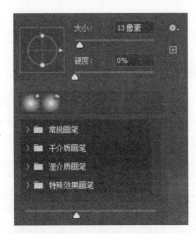

图 2-227   画笔下拉面板

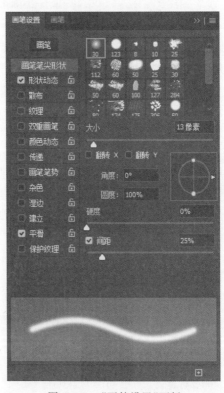

图 2-228   "画笔设置"面板

① 画笔笔尖形状。相当于选项栏画笔下拉面板的进阶操作，面板中显示该选项的详细设置，可以改变画笔的角度、圆度。选项后显示锁定图标时，表示当前画笔的笔尖形状属性为锁定状态。默认的笔触样式是选项栏下拉画笔预设中常用的笔触。大小：用来设置笔触的大小，可以通过拖曳下方的滑块进行设置，也可以在右侧文本框中直接输入数值来设置。角度：可以调整画笔在水平方向上的旋转角度，取值范围为 −180°～180°，也可以在右侧预

览框中拖曳水平轴进行设置。圆度：用于控制画笔长轴和短轴的比例，可在"圆度"文本框中输入 0%～100% 的数值或直接拖动右侧画笔控制框中圆点来调整。硬度：设置画笔笔触的柔和程度，变化范围为 0%～100%。间距：在绘制线条时，用于设置两个绘制点之间的距离，加大距离可以绘制点画线的效果。

② 形状动态。"形状动态"选项用于设置绘画过程中画笔笔迹的变化，包括大小抖动、最小直径、角度抖动、圆度抖动和最小圆度等。大小抖动：拖动滑块或输入数值，可以控制绘制过程中画笔笔迹大小的波动幅度，数值越大，变化幅度就越大。最小直径：在画笔尺寸发生波动时控制画笔的最小尺寸，数值越大，直径能够变化的范围越小。角度抖动：控制画笔角度波动的幅度，数值越大，抖动的范围也越大。圆度抖动：控制画笔圆度的波动幅度，数值越大，圆度变化的幅度也越大。最小圆度：在圆度发生波动时控制画笔的最小圆度尺寸值，值越大，发生波动的范围越小，波动的幅度也会相应变小。上述抖动均有控制选项条，用于选择大小抖动变化产生的方式。选择"关"，在绘图过程中画笔笔迹大小始终波动，不予另外控制；选择"渐隐"，在右侧文本框中输入数值，可控制抖动变化的渐隐步长。数值越大，画笔消失的距离越长，变化越慢；反之则距离越短，变化越化。

③ 散布。"散布"选项决定描边中笔迹的数目和位置，使笔迹沿绘制的线条扩散。散布：控制画笔偏离绘画路线的程度，数值越大，偏离的距离也越大。若勾选"两轴"复选框，则表示画笔将在 X、Y 轴两个方向分散，否则仅在一个方向上发生分散。数量：用于控制画笔点的数量，数值越大，画笔点越多。数量抖动：用于控制各空间间隔中画笔点的数量变化。

④ 纹理。"纹理"选项用于给画笔添加纹理效果，可控制纹理的叠加模式、缩放比例和深度。选择纹理：从纹理列表中选择所需的纹理，勾选"反相"复选框，相当于对纹理执行了"反相"操作。缩放：用于设置纹理的缩放比例。亮度：用于设置纹理的明暗度。对比度：用于设置纹理的对比强度，值越大，对比度越明显。为每个笔尖设置纹理：用于确定是否对每个笔触都分别进行渲染，不勾选该复选框，则"深度""最小深度""深度抖动"参数无效。模式：用于选择画笔和图案之间的混合模式。深度：用于设置图案的混合程度，数值越大，纹理越明显。最小深度：用于控制图案的最小混合程度。深度抖动：用于控制纹理显示浓淡的抖动程度。

⑤ 双重画笔。"双重画笔"选项是指让描绘的线条中呈现出两种画笔效果。要使用双重画笔，首先要在"画笔笔尖形状"选项设置主笔尖，然后从"双重画笔"选项中选择另一种笔尖。模式：可以选择两种笔尖在组合时使用的混合模式。大小：用来设置笔尖的大小。间距：用来控制描边中双笔笔尖画笔笔迹的分布方式，如果勾选"两轴"复选框，双笔笔尖画笔笔迹按径向分布，否则双笔笔尖画笔笔迹垂直于描边路径分布。数量：用来指定在各间距应用的双笔笔尖笔迹数量。

⑥ 颜色动态。"颜色动态"选项用于控制绘画过程中画笔颜色的变化情况。需要注意的是，设置动态颜色属性时，预览框并不显示相应的效果，仅在图像窗口绘制时显示。前景/背景抖动：设置画笔颜色在前景色和背景色之间的变化，如使用"草形画笔"绘制草地时，可设置前景色为浅绿色，背景色为深绿色，这样就能够得到颜色深浅不一的草丛效果。色相抖动：指定绘制过程中画笔颜色色相的动态变化范围。饱和度抖动：指定绘制过程中画笔颜色饱和度的动态变化范围。亮度抖动：指定绘制过程中画笔亮度的动态变化范围。纯度：设置绘画颜色的纯度变化范围。

⑦ 传递。"传递"选项用于确定油彩在描边路线中的改变方式,选项中各参数说明如下。不透明度抖动:用来设置画笔笔触中油彩不透明度的变化程度,若要指定画笔笔触不透明度变化的控制方式,可在"控制"下拉列表中选择相应的选项。流量抖动:用来设置画笔笔触中油彩流量的变化程度,若要指定画笔笔触流量变化的控制方式,可在"控制"下拉列表中选择相应的选项。

⑧ 画笔笔势。"画笔笔势"选项用来调整毛刷画笔笔尖、侵蚀画笔笔尖的角度。启用"画笔笔势"控制后的笔尖效果如图 2-229 所示。倾斜 X/倾斜 Y:可以使笔尖沿 X 轴或 Y 轴倾斜。旋转:用来旋转笔尖。压力:用来调整笔尖的压力,值越高,绘制速度越快,线条越粗犷。

图 2-229 启用"画笔笔势"

⑨ 其他。下方的"杂色""湿边""建立""平滑""保护纹理"5 个选项只需勾选复选框即可。杂色:在画笔的边缘添加杂点效果。湿边:沿画笔描边的边缘增大油彩量,从而创建水彩效果。建立:将渐变色调应用于图像,同时模拟传统的喷枪技术。平滑:可以使绘制的线条产生更顺畅的曲线。保护纹理:对所有的画笔使用相同的纹理图案和缩放比例,使用多个画笔时,可模拟一致的画布纹理效果。

(3) 流量。

"流量"选项用于设置画笔墨水的流量大小,以模拟真实的画笔。该数值越大,墨水的流量越大。当"流量"小于 100%时,如果在画布上快速地绘画,可见绘制图形的透明度明显降低。

(4) 喷枪。

单击"喷枪"按钮,可转换画笔为喷枪工作状态,在此状态下创建的线条更加柔和。使用喷枪工具时,按住鼠标左键,前景色将在单击处淤积,直至释放鼠标。

(5) 绘画板压力。

单击"绘画板压力"按钮,在用数位板绘画时,光笔压力可覆盖"画笔"面板中的不透明度和大小设置。

当画笔的各选项设置好后,就可使用相应的工具,在像素图层上完成对应的操作。接下来,重点介绍几组常用的像素工具。

1. 修图工具组

在 Photoshop 的修图工具组中一共包含五个修图工具:"污点修复画笔工具""修复画笔工具""修补工具""内容感知移动工具""红眼工具"。其中,"内容感知移动工具"是 CS6

版之后新增的功能。在修图前,最好对图像做一下备份,以免原始数据丢失。

(1) 污点修复画笔工具 。可直接使用"污点修复画笔工具"去涂抹污点,快速去除污点或不想要的数据,不需要指定样本点,可自动对周围区域的像素进行取样,包含"内容识别""创建纹理"和"近似匹配"三种类型,如图 2-230 所示。

图 2-230　污点修复画笔工具

(2) 修复画笔工具 。"修复画笔工具"的选项栏如图 2-231 所示,比较常用的"源"为"取样"选项,需先按住 Alt 键后单击,取好样本数据,然后松开 Alt 键,再去涂抹污点数据区域。其特点是要先指定样本点,再将光照和阴影与源像素进行匹配后绘制。

图 2-231　修复画笔工具

(3) 修补工具 。"修补工具"以选区的方式来定位修补图像的区域,如图 2-232 所示。图中选择了"源",则表示待修补的是数据源,即选取包含污点的数据并将其拖曳到好的数据区域。反之,若选择了"目标",则表示待修补的是目标数据,即选取好的数据并将其拖曳到包含污点数据的区域。"修补工具"将样本数据的光照和阴影与源像素进行匹配,能够比较高效地修正图像中的污点数据。

图 2-232　修补工具

(4) 内容感知移动工具 。利用"内容感知移动工具"可以轻松地将照片场景中的对象移动或复制到其他需要的位置,边缘数据经过软件计算,会自动柔化处理,从而与周围环境数据自然融合。第一步,选取待移动或复制的数据。第二步,在选项条的"模式"中设置"移动"或"扩展",如图 2-233 所示。"移动"的作用是将选取的数据移动到目标位置,软件自动根据周围数据情况填充空出的区域;"扩展"是将选取的数据复制到目标位置。第三步,拖动选区到目标位置即完成数据的移动或复制。

图 2-233　内容感知移动工具

(5) 红眼工具 。"红眼工具"用于处理在拍摄时因光线等环境导致的"红眼"现象。"瞳孔大小"确定作用范围,"变暗量"确定作用强度,如图 2-234 所示。使用"红眼工具"只需在红眼区域单击,也可反复多单击几次,最终达到满意的效果。

图 2-234　红眼工具

2. 画笔工具组

画笔工具组包含"画笔工具""铅笔工具""颜色替换工具""混合器画笔工具"。

（1）画笔工具 ![画笔] 和铅笔工具 ![铅笔] 。

"画笔工具"和"铅笔工具"使用方法相近，都使用前景色在图像中进行绘制，只是后者即使"硬度"调为 0％，所有的笔尖都不会产生虚边的效果，如图 2-235 所示。

图 2-235　画笔工具和铅笔工具

（2）颜色替换工具 ![颜色替换] 。

"颜色替换工具"能够简化图像中特定颜色的替换，用前景色替换图像中指定的像素。选定好前景色后，在图像中需要更改颜色的地方进行涂抹，即可将其替换为前景色，不同的绘图模式会产生不同的替换效果，常用的模式为"颜色"，如图 2-236 所示。包含三个"取样"选项："连续"方式将在涂抹过程中不断以鼠标所在位置的像素颜色作为基准色，对颜色连续取样；"一次"方式将始终以涂抹开始时的基准像素为准，即只替换第一次单击颜色所在区域中的目标颜色；"背景色板"方式将只替换与背景色相同的像素。"限制"选项确定替换颜色的范围，包含三种方式："连续"方式替换鼠标邻近区域的颜色；"不连续"方式将替换鼠标所到之处的颜色；"查找边缘"方式重点替换位于色彩区域之间的边缘部分，同时更好地保留形状边缘的锐化程度。在图像中涂抹时，起笔即第一个单击位置的像素颜色将作为基准色，选项中的"取样""限制"和"容差"都是以其为准的。

图 2-236　颜色替换工具

3. 图章工具组

Photoshop 的图章工具组包含"仿制图章工具"和"图案图章工具"。"仿制图章工具"可以复制画面的某些信息，常用于修复或仿制画面数据。在实际应用时，应根据图像大小设置合适的画笔大小。

（1）仿制图章工具 ![仿制图章] 。

选择"仿制图章工具"，按住 Alt 键，在要仿制的图像位置单击鼠标左键进行取样；然后松开 Alt 键；再到目标位置按住鼠标左键并拖动鼠标进行绘制，即能仿制图像，如图 2-237 所示。其中，"样本"有"当前图层""当前和下方图层""所有图层"三种选择。

图 2-237　仿制图章工具仿制图像

（2）图案图章工具 。

使用"图案图章工具"可以复制系统预先定义好的各种图案效果。选择"水滴"组中的"水-池"图案进行绘制，如图 2-238 所示，右半部分是勾选"印象派效果"复选框后绘制的，使图案产生了扭曲模糊的艺术效果。

图 2-238　图案图章工具绘制

微课视频

2.7　图像颜色的调整

在 Photoshop 的"图像"菜单的"调整"组中包含一系列与调色相关的命令，如图 2-239 所示。

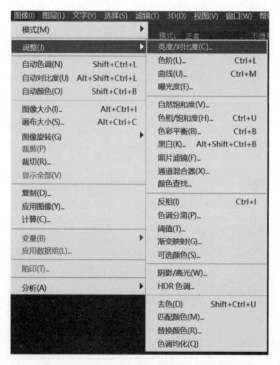

图 2-239　Photoshop 中的调色命令集合

与之类似的调色命令主要位于"图层"菜单的"新建调整图层"组或"图层"面板的"创建填充或调整图层"中，如图 2-240 所示。

"图像"菜单中的调色命令直接改变当前图层图像的颜色，其操作是不可逆的；而新建调整图层是新增的一个调色图层，没有真正改变图像的颜色，且可以随时隐藏或删除该调整图层,对原图像没有任何影响,故添加调整图层进行调色的操作是可逆的。图 2-241 是调色前后的对比效果。

图 2-240　Photoshop 中的调整图层

图 2-241　调色前后的图像对比效果

使用"图像"菜单中的调色命令与新建调整图层产生的调色结果是一致的。因此,本节中介绍的调色操作可通用于调色命令和新建调整图层命令。

2.7.1　基于 RGB 颜色通道的颜色调整

由于 RGB 是构成颜色的主要分量,故 RGB 类调色工具和命令是 Photoshop 中最常见的调色方法。在 Photoshop"图像"菜单的"调整"组中,如曲线、通道混合器、色阶等调色命令在操作时均有与"通道"相关的参数设置。由于大多数彩色图像采用 RGB 颜色模式,可将这一类调色命令视作基于 RGB 颜色通道的调色。本节重点对曲线调色命令进行讲解。

在常见的 RGB 数字图像中,图像本质是由像素构成的矩阵,调色的本质就是使矩阵中各像素的数字按照一定的规律发生变化。灰度图是 R、G、B 三个颜色分量都相同的图,它能去除颜色信息,简化针对数字图像矩阵的观察量。彩色图像中的每个像素,都可以根据灰度公式产生各种灰度图,如图 2-242 所示。一幅彩色数字图像可以产生无数种灰度图。例如,$a=b=c=\dfrac{1}{3}$ 是一种比较常见的灰度图。

$$\begin{cases} \text{Gray} = aR + bG + cB \\ a+b+c = 1(a,b,c \text{ 为介于 } 0 \sim 1 \text{ 的数}) \end{cases}$$

图 2-242　灰度计算公式

当获得一幅图像的亮度灰度图后,可以在亮度灰度图的基础上建立一个坐标系,其中,X 轴对应亮度等级,0 表示最暗的黑色,255 表示最亮的白色;Y 轴表示一幅图像的像素数量。例如,一幅图像 RGB 灰度为 10 的像素有 100 个,灰度为 80 的像素有 1200 个,灰度为 100 的像素有 700 个,以此类推,当把所有坐标点用曲线连接起来,就构成了一个直方图,如图 2-43 所示。

直方图源于图像的数字矩阵,与图像的观感直接相关,任何一幅彩色图像都有代表亮度的直方图。如果一幅图像的亮像素多,即 RGB 均值高的像素多,则直方图靠右;如果一个

103

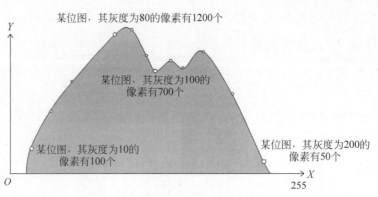

图 2-243　直方图

直方图中黑色像素多,则直方图靠左。常见图像与直方图的对应关系如表 2-3 所示。

表 2-3　常见图像与其直方图

图　像　示　例	对应直方图	直方图说明
		曝光正常图像的直方图,可见直方图左右分散且没有靠左或靠右的切出
		夜景曝光图像的直方图,可见直方图靠近左侧
		雾霾天图像的直方图,可见直方图挤在中间

图 像 示 例	对应直方图	直方图说明
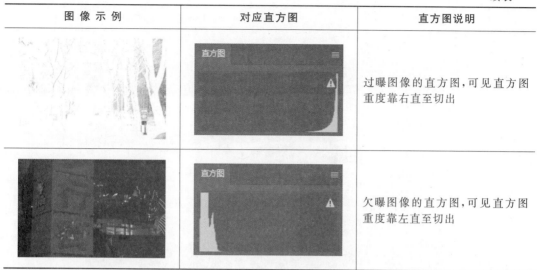		过曝图像的直方图,可见直方图重度靠右直至切出
		欠曝图像的直方图,可见直方图重度靠左直至切出

　　曲线是改变直方图的常用工具。可以使用"图像"→"调整"→"曲线"命令,也可以使用"图层"面板"创建填充或调整图层"的"曲线"命令进行操作。由于曲线操作是针对通道进行的,故与图像的颜色模式有关。如果图像是 RGB 颜色模式,曲线可以操作的是红、绿、蓝和 RGB 通道;如果图像是 CYMK 颜色模式,曲线操作的是青色、洋红、黄色、黑色和 CMYK 通道。"曲线"操作的界面如图 2-244 所示。

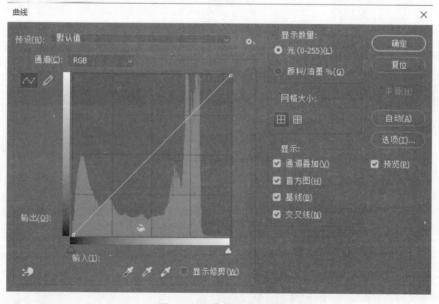

图 2-244　曲线工具面板

　　以 RGB 颜色模式图像为例,可以选中图像的一个具体通道,改变其直方图。默认状态下,RGB 三个通道同时被选中,则改变的是图像的亮度。使用鼠标可以在曲线上进行拖曳,使得曲线产生任意线条形状,使对应的直方图发生变化,从而对图像进行调色。曲线具体的拖动方法如表 2-4 所示。

105

表 2-4　曲线拖动所产生的画面改变

原图与其直方图	曲线操作	目标图与其直方图	结论
	曲线上凸		直方图向右侧移动，画面变亮
	曲线下凹		直方图向左侧移动，画面变暗
	曲线极端上凸		直方图向右侧移动，原来右侧像素变为白色，画面变亮且画质损失
	曲线极端下凹		直方图向左侧移动，原来左侧像素变为黑色，画面变暗且画质损失
	曲线正 S		直方图向两侧移动，画面对比度增强

原图与其直方图	曲线操作	目标图与其直方图	结论
	曲线极端正 S		直方图向两侧移动,明暗细节丢失,画面对比度增强
直方图	曲线反 S		直方图向中间靠拢,画面对比度减少
	曲线反向		直方图反转,画面颜色反相

直方图是一个在图像产生时就已经存在的概念,只要有数字图像,就一定会有对应的直方图。数字图像来源于数码相机的拍摄,由于数码相机光学传感器对光线非常敏感,一旦过曝,过曝位置的像素变成白色,这是无法通过调色来恢复细节信息的。所以,拍摄明暗反差很大的景物时,为保证亮处不过曝,一般通过设定相机光圈快门等拍摄参数,将画面的直方图向左侧靠,在摄影里称为直方图左靠拍摄法,获得的图像是偏暗的。所以,需要使用曲线类调整工具,将其还原出原来的亮度。分别改变三个通道的直方图,能使画面变红或变蓝等,可以产生一些特定的图像效果。如图 2-245 所示,调整 RGB 通道的曲线,使画面产生复古效果。

传统胶片相机所使用的胶片是一种化学感光材料,不同于数字感光元件。胶片对红、绿、蓝光线的敏感程度是不同的。一般,胶片对蓝色与绿色光线敏感度较强,在暗光环境中,仍然能捕捉到蓝色和绿色光线。故在曲线调整时,蓝色与绿色通道下方向上翘起,如图 2-246 所示。而胶片对红色暗光敏感度相对较弱,只有在红色明亮时感光才增强。所以,红色通道暗处向下凹,亮处上凸,如图 2-247 所示。

以上是常见的曲线操作直方图所产生的结果。在 Photoshop 中,类似的色阶调整、曝光度调整,本质上都可以看作是改变图像的直方图操作。如色阶改变,本质上与曲线从右上方至左侧拉动这种"极端上凸"性质是完全一样的,如图 2-248 所示。

107

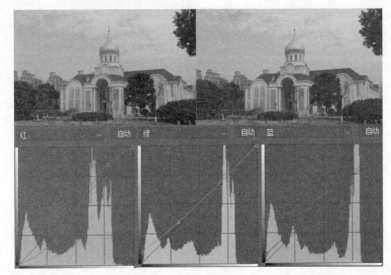

图 2-245 RGB 三通道曲线改变产生的效果

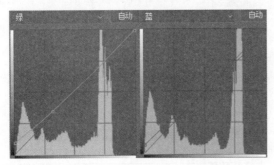

图 2-246 GB 通道曲线示意

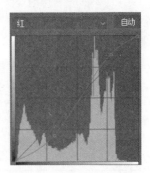

图 2-247 R 通道曲线示意

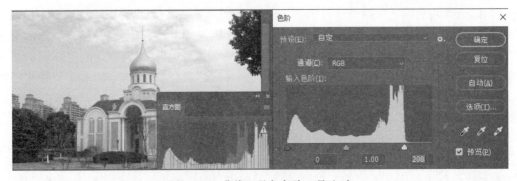

图 2-248 曲线工具与色阶工具比对

2.7.2 基于 HSV 的颜色调整

2.7.1 节介绍的调色工具,本质上从图像的三原色入手进行调色,是一种典型的调色手段。在颜色调整中,还可以从色相、明度、饱和度入手,对图像进行颜色调整,其中比较有代表性的命令是"色相/饱和度"调色命令。"色相/饱和度"命令比较简单,通过拖动对应的滑块,即可改变图像的色相、饱和度和明度信息,其操作界面如图 2-249 所示。

需要注意的是，在操作色相类型的调色时，可以在调整图像中置入一个色轮或色锥，如图 2-250 所示。

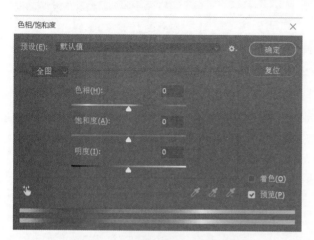

图 2-249 "色相/饱和度"操作面板

图 2-250 色相类调色前可以置入色轮

色轮可以通过色谱渐变类型的角度渐变制作出来，将其置于待调整图像中，可清晰直观地看到调整将改变什么。图 2-251 是色相条拉动 180° 后产生的效果。

在拖动色相条到 180° 期间，可清楚地看到色轮呈顺时针方向旋转了 180°，故在有色相调整的 Photoshop 命令中，使用色轮作为辅助工具是很有必要的。在"色相/饱和度"的调色中可以选中某一类颜色进行颜色调整，也就是局部颜色调整，效果如图 2-252 所示。在本案例中，仅蓝色区域被更改为偏红色，其他区域并没有产生颜色的变化。局部可选颜色调色有两个难点：一个是如何选中颜色，另一个是利用颜色相加相消规律进行颜色的改变。

"色相/饱和度"中的颜色本身是由色相决定的角度，使用角度来表达一种颜色是操作"色相/饱和度"方式下颜色的本质。但这样可选的颜色依然有无数种，故以范围的形式通过三原色和三间色对颜色进行某一

图 2-251 色相调整对应的画面改变

个区间的选中会更加有效。由于三原色和三间色对应的红、绿、蓝、黄、青、洋红恰好对应色轮的六等分点，故通常选中颜色的代表色就是三原色和三间色所对应的红、绿、蓝、黄、青、洋红六种颜色。此外，每个颜色色相左右移动 60° 后的颜色为其邻色，如红色的邻色是洋红与黄色；每个颜色色相增加或减少 180° 的颜色为其对色，如红色的对色是青色。色相选中颜色时，约定颜色选定区间为设定颜色的左右两个邻色所构成的区间，例如，选中红色即表示

第2章 Adobe Photoshop数字图像处理 ◀◀◀

图 2-252　仅将一部分色调改变的调色

选中了 300°的洋红色到 60°黄色的区间。其中,0°红色含有的红色信息最多,而色相往 60°或 300°方向变化时,红色逐渐减少直至到达 60°黄色或 300°洋红色,其作为临界点。其余的色相没有红色,处于非选中的颜色范围,如图 2-253 所示。

| 无红色 ◀临界 | 红色减少　红色增多 | 红色增多　红色减少 | 无红色 → |

正洋红色　　　　粉红色(含红色)　　　正红色　　　　橙色[含红色]　　　正黄色
色相-60°　　　　色相-30°　　　　色相0°　　　　色相30°　　　　色相60°

图 2-253　红色的选中范围描述

　　需要注意的是,上述利用色相选中颜色的方法不适用于颜色分量。如在黄色时,如果是正黄色即 RGB 颜色值(255,255,0),红色颜色分量是最大的,但在色相选中时,黄色没有任何红色信息。其他五种颜色的选中也是如此。当红色作为色相区域选中时,颜色范围如图 2-254 所示。在 300°至 60°颜色区域中,除了有红色,还有一部分非正洋红色和非正黄色。

　　在色相所表达的颜色中,还存在一种邻色相加得到本色,对色相加则相消为黑色的规律。其规律公式如下:

红色＝洋红＋黄色
黄色＝绿色＋红色
绿色＝青色＋黄色
青色＝绿色＋蓝色
蓝色＝青色＋洋红
洋红＝蓝色＋红色
红色＋青色＝黑色
绿色＋洋红＝黑色
蓝色＋黄色＝黑色

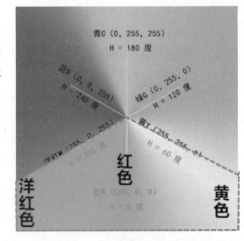

图 2-254　选中红色的颜色范围

　　由于六种原色之间存在对色关系,一般可通过三间色即黄色、青色、洋红色来表达相加的颜色,如黄色相加 100%即相加黄色本身,如果黄色相加-100%表示相加黄色的对色即蓝色。"可选颜色"的操作就是依据上述色相模式下的颜色规律设计出调色的工具,其面板如图 2-255 所示。

首先,选定一种颜色,一般为三原色或三间
色。此时,将选中一组颜色区间,通过正负向拖
动三间色滑块即青色、洋红色、黄色为选定的颜
色区间,以色相相加相消的方式增加颜色,最终
产生颜色相加或相消的效果。当"方法"选择
"相对"时,效果较弱;选择"绝对"时,效果较强。
以色轮为例,当选中红色,正向拖动青色滑块,
表示为 300°至 60°颜色区域增加青色,该区域能
和青色产生作用的是红色,它们会和青色相消
形成黑色,如图 2-256 所示。

当选中红色,负向拖动青色滑块,表示 300°
至 60°颜色区域增加红色,该区域能和红色产生
作用的是少数不饱和红色,这些不饱和红色会
提高饱和度,其他则效果不明显,如图 2-257 所示。

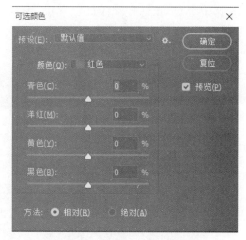

图 2-255　"可选颜色"操作面板

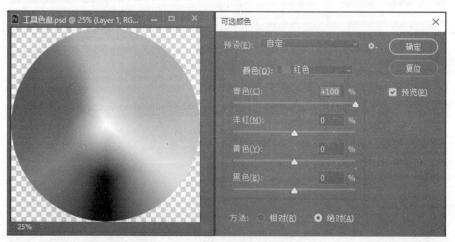

图 2-256　为红色选中区间增加青色结果

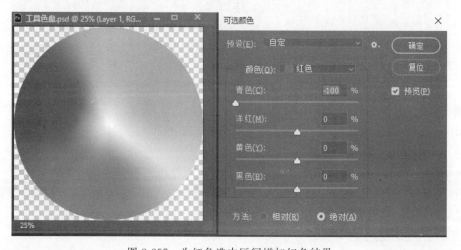

图 2-257　为红色选中区间增加红色结果

第2章　Adobe Photoshop数字图像处理

选中红色,正向拖动洋红色滑块,表示 300°至 60°颜色区域增加洋红色,该区域能和洋红色产生作用的主要是黄色,这些黄色会因为增加了洋红而产生红色,且因选中区域的黄色并非主要颜色,故效果较弱,如图 2-258 所示。

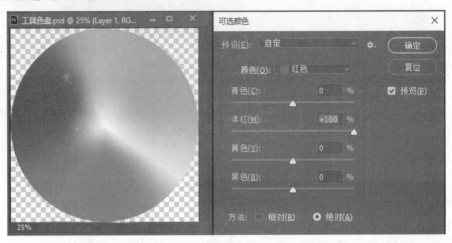

图 2-258　为红色选中区间增加洋红色结果

选中红色,负向拖动洋红色滑块,表示 300°至 60°颜色区域增加绿色,该区域能和绿色产生作用的主要是红色,这些红色会因为增加了绿色而产生黄色。因选中区域中的红色是主要颜色,故效果较强,如图 2-259 所示。

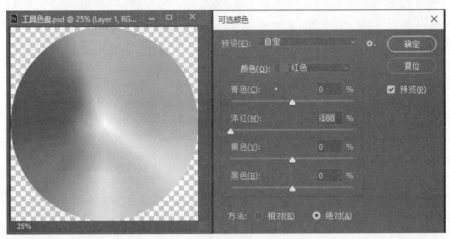

图 2-259　为红色选中区间增加绿色结果

选中红色,正向拖动黄色滑块,表示 300°至 60°颜色区域增加黄色,该区域能和黄色产生作用的颜色主要是洋红色,这些洋红色会因为增加了黄色而产生红色,且由于选中区域中洋红色并非主要颜色,故效果较弱,如图 2-260 所示。

选中红色,负向拖动黄色滑块,表示 300°至 60°颜色区域增加蓝色,该区域能和蓝色产生作用的主要是红色,这些红色会因为增加了蓝色而产生洋红色。由于选中区域中的红色是主要颜色,故效果较强,如图 2-261 所示。

以上是可选颜色红色在被选中情况下的分析,当其他原色被选中时,也可以采用上述方法进行分析和练习。在实际应用中,置入一个调色盘,可以确定调整的方向。"可选颜色"调

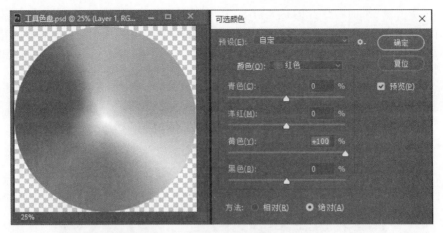

图 2-260　为红色选中区间增加黄色结果

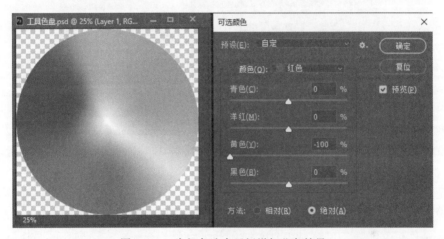

图 2-261　为红色选中区间增加蓝色结果

色是一个非常强大的调色工具,能够柔和地改变某类颜色的色调。将蓝色天空更改为红色天空的调色步骤如下。

(1)使用拾色器,分析画面中各物件的色相。如天空的色相,使用拾色器在天空区域采样颜色,并观察色相 H,得出天空色相在 228°~235°变化,比较接近 240°的蓝色,如图 2-262所示。

图 2-262　拾色器分析颜色

(2) 对于云彩、桥面和灯光的色相,经过拾取颜色后可以发现,天空的色相与其他物体的色相有较大差异,可以通过"可选颜色"的方式对天空进行局部调色,调色的目标是将天空颜色更改到红色色相附近。在图像中置入一个色轮,方便调色时进行参考,如图 2-263 所示。

图 2-263　为图像置入色轮

(3) 使用"可选颜色"调整图层进行调色。由于天空的色相接近蓝色且偏青,无法一次性调向红色色相,需先往洋红色色相上靠近,然后再将洋红色更改为红色,需要执行两次"可选颜色"的操作。第一次"可选颜色"调整的目的是将天空的颜色尽量变为洋红色,其范围选择可以是蓝色、青色。其中,蓝色选中色相范围是 180°～300°的颜色区间,改变效果最明显;青色选中色相范围是 120°～240°的颜色区间,靠近 240°的颜色可以改变,但效果不明显;而洋红色选中色相范围是 240°～360°的颜色区间,天空色相在 230°左右即在区间外,故洋红色色相无需选中,红色、黄色和绿色色相也无需选中。先操作青色作为选中颜色,这是一个颜色改变不明显的区间,其操作的目的是使 230°蓝色往洋红色的方向靠近,但该颜色距离洋红色隔了一个蓝色,故最终青色过渡到蓝色,即蓝色天空更偏蓝。所以,滑块的拖动方向是增加洋红色,调整的结果如图 2-264 所示。

图 2-264　为青色选中区域增加洋红色微弱的效果

（4）选中蓝色，目的是往洋红色色相靠近，负向拖动青色滑块，增加红色，蓝色变为洋红色，且效果十分明显；正向拖动洋红色滑块，选中的青色部分变得偏蓝至洋红，且效果不明显，调整的结果如图 2-265 所示，第一轮"可选颜色"调色完成。

图 2-265　为蓝色选中区域增加洋红色与红色明显的效果

（5）第二轮的"可选颜色"调色则是将洋红色的天空调整至红色。根据相加、相消规则推导，选中洋红色和选中蓝色的基础上，拖动对应滑块调整，如图 2-266 所示，完成将蓝色天空改更为红色天空的"可选颜色"操作。

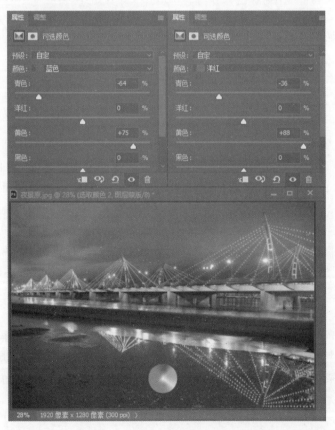

图 2-266　第二轮可选颜色调色参考

第2章　Adobe Photoshop数字图像处理

第3章　Adobe Audition音频编辑

3.1　数字音频概述

在大自然中,人耳听到的各种声音都是模拟音频信号。数字音频是相对于模拟音频而言的,在计算机、手机、MP3、DVD、数码摄像机等电子设备中的音频,都是以 0、1 二进制形式存储的数字音频。随着数字音频信号处理技术、计算机技术和多媒体技术的迅猛发展,数字音频技术已成为音频处理的主要手段。

微课视频

3.1.1　音频基础

1. 声音的物理特性

声音是物体振动而产生的声波,通过传播介质(空气、液体或固体)被人或动物听觉器官所感知的波动现象。声音有三个重要的物理量,即振幅、频率和波长,如图 3-1 所示。振幅是波的高低幅度,表示声音的大小;周期是指两个相邻波之间的时间长度;频率是指物体每秒振动的次数,即周期的倒数,以Hz 为单位。在日常生活中,声音无处不在。但正常人耳一般能听到的声音频率范围为 20Hz～20kHz。

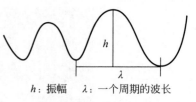

h:振幅　　λ:一个周期的波长

图 3-1　声波的物理特性

2. 声音的三要素

生理学上,声音是指声波作用于听觉器官所引起的一种主观感受,包含三个基本要素,即响度、音调和音色。这三要素分别与声音物理特性中的振幅、频率和波形相对应。

1) 响度

人耳对声音强弱的主观感觉称为响度,又称音量,以 dB(分贝)为单位。响度由声波的振幅和人离声源的距离决定,声波振幅越大,响度越大;人和声源的距离越小,响度越大。另外,人耳对响度的感觉还和声波的频率有关,同样强度的声波,若频率不同,感觉到的响度也不一样。

2) 音调

人耳对声音高低的感觉称为音调。音调主要与声波的频率有关,频率越高,音调越高。一般人耳的可闻声段频率范围是 20Hz～20kHz,20Hz 以下称为次声波,20kHz 以上称为超声波。海洋中的某些动物可以听到 15Hz～35Hz 范围内的细小声音,而海豚可以听到高达150kHz 的声音。

3) 音色

音色是指不同声音表现在波形方面与众不同的特性。由于不同发声物体的材料、结构不同,发出声音的音色也不同。例如,大鼓和小鼓发出的声音不一样,每个人发出的声音也不一样。因此,音色可被理解为声音的特征,是人耳对各种强度、各种频率声波的综合反应。

3. 声音的类型

声音有不同的分类方法。根据声音的不同频率来分,可将声音分为次声、可闻声和超声三类。频率低于 20Hz 的称为次声,频率为 20Hz~20kHz 的称为可闻声,频率高于 20kHz 的称为超声。次声和超声都是人耳无法听见的声音。

根据声音的不同来源,可将声音分为声波、语音和音乐三类。声波是自然界中各种声音的统称,如风雨声、鸟鸣声、流水声、脚步声、打鼾声、汽车的发动声等。语音是语言符号系统的载体,是人类交流思想情感的主要方式之一。语音主要由音量、音高、音长和音色四个要素构成。音乐分为声乐和乐器两类,旋律和节奏是音乐最基本的要素。

4. 音频的数字化

音频是声音频率的界定,是指频率在 20Hz~20kHz 范围内的声波。若要用计算机对音频信息进行处理,就要将模拟音频信号(如语音、音乐等)转换成数字音频信号,这一过程称为模拟音频的数字化。模拟音频信号的数字化需要经过采样、量化和编码过程,将连续的模拟音频信号,转换为离散的 0、1 二进制数据序列。具体过程如图 3-2 所示。经过采样、量化,就可以将模拟音频信号转换为一组二进制数字序列,即数字音频。采样和量化的过程统称为声音的模拟/数字转换,简称为 A/D(Analog/Digital)转换。

图 3-2 模拟音频的数字化过程

1) 采样

采样是每隔一定时间间隔在模拟音频波形上取一个幅度值,一个连续的模拟音频波形,就产生了一组离散的数值序列。每次采样的时间间隔称为采样周期 T;$1/T$ 即为单位时间内采样的次数,称为采样频率。采样频率越高,采样周期越短,也就是单位时间内得到的音频数据越多,对声音的表达越精确,音质越真实,相应的数据量也越大。根据奈奎斯特(Nyquist)采样定理,在采集模拟信号时,只有采样频率高于声音信号本身最高频率的两倍,才可以基本保证原信号的质量。因此,目前普通声卡的最高采样频率通常为 48kHz 或者 44.1kHz,此外,还支持 22.05kHz 和 11.025kHz 的采样频率。

2) 量化

量化是将每个采样点得到的表示声音强弱的模拟电压的幅度值以数字存储,即描述声波每个采样点幅度值的二进制位数,它决定了模拟信号数字化后的动态范围,是数字音频质量的重要指标。量化产生的二进制位数,称为采样位数或采样精度。常见的量化位数有 8 位、16 位、24 位和 32 位。若用 8 位二进制描述,则采样点的幅值可有 2^8 即 256 个等级,即每个采样点的音频信号的幅度精度为最大振幅的 1/256;16 位量化位数的精度有 65 536 个等级,即每个采样点音频信号的幅度精度为最大振幅的 1/65 536。所以,量化位数越多,对音频信号的采样精度就越高,声音失真越小,相应的数据量也就越大。

3) 编码

模拟信号经过采样和量化以后,形成一系列的离散信号——脉冲数字信号。这种脉冲数字信号可按一定的方式进行编码,存储为计算机内部运行的数据。编码是将采样和量化

117

后得到的离散数据序列按照一定的格式记录下来,并在有效的数据中加入一些用于纠错、同步和控制的数据。根据编码方式的不同,音频编码技术分为波形编码、参数编码和混合编码三种。

波形编码利用采样和量化过程来表示音频信号的波形,使编码后的音频信号与原始信号尽可能匹配。波形编码的音频质量高,编码率也比较高。在波形编码中,最常用的方法是PCM(Pulse Code Modulation 脉冲编码调制),它把连续输入的模拟信号变换为在时域和振幅上离散的量,然后将其转换为代码形式传输或存储。其主要优点是抗干扰能力强,失真小,传输特性稳定。常见的 Audio CD 就是采用了 PCM 编码,其音质好,但数据容量大。

参数编码通过分析声音的波形,提取特征的方法,产生必要的参数,对声音波形的编码实际就转换为对这些参数的编码。参数编码的编码率低,产生的音频质量也相对较低。

混合编码则同时采用了参数编码和波形编码两种技术,克服了它们的弱点,从而既能达到高压缩比,又能保证较高的音质。目前,通信中用到的大多数语音编码器都采用了混合编码技术。

3.1.2 获取数字音频

在进行数字音频编辑前,需预先准备好素材。目前,获取数字音频素材的途径较多,如可以使用数码设备手机、录音笔、计算机来录音,应用计算机软件提取视频中的音频数据,也可以应用音序器软件自己创作或通过因特网搜索等方法获得。

1. 通过麦克风录制声音

用户可以通过手机、录音笔和计算机的麦克风录制声音。使用手机和录音笔进行录音,操作简单,携带方便,且连续录音时间可长达几小时甚至十几小时。如果使用计算机录音,则需应用相应的音频编辑软件,录音是音频编辑软件最基本的功能之一。在录音前,首先调整好麦克风的输入音量;新建一个空白音频文件,根据音质等要求设置采样频率、声道数和采样精度等参数;接着,就可以单击"录音"按钮进行录音了;最后,结束录音,保存文件即可。

2. 应用软件获取视频中的音频

应用 Super Video to Audio Converter、格式工厂等软件就能轻松获取视频中的音频数据。例如,在格式工厂中,先选定目标音频格式 MP3,然后添加视频文件,再单击"开始"按钮,就可以直接将视频中的音频数据转换为 MP3 格式,如图 3-3 所示。

3. 声音合成技术

用户可以应用音序器软件如 Cakewalk Sonar、Cubase SX、Nuendo、Ableton Live 等自己创作 MIDI 电子音乐,作为素材使用。

4. 应用虚拟变声软件

虚拟变声软件在视频节目配音、在线教育等领域被广泛应用,它可以实现各种变声效果。常用的变声软件有 MorphVOX Pro、Voice Changer Software Diamond、国内的超级音效和变声专家等。MorphVOX Pro 是一款功能强大的变声软件,能够直接录制语音变音,也可以对音频文件进行变音。它能将人物的语音调整为男声、女声、童声或机器人声音等,还可以调节音调、音色,添加声效和背景效果,帮助配音人员轻松创建多种语音角色。MorphVOX Pro 界面如图 3-4 所示。

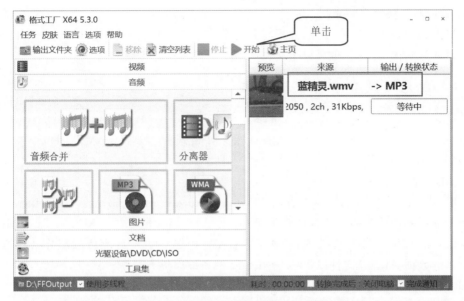

图 3-3　格式工厂获取视频中的音频

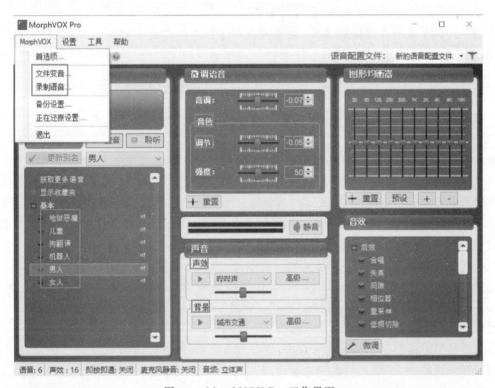

图 3-4　MorphVOX Pro 工作界面

5. 通过因特网搜索下载

　　网络资源丰富,用户可以利用搜索引擎,如百度、Google 等从网络上搜索需要的音频数据。搜索的关键词可以是文件名、扩展名、歌名、歌词、歌手或专辑等。例如,在百度中输入关键词"流水声.mp3",即可以搜索到许多提供此类素材的网站。

6. 付费购买获取音频素材

网络上的免费素材毕竟有限,如果需要更丰富的高品质音频素材,可以付费购买获取。用户可以通过实体店购买,也可以直接在网络上购买所需的音频素材。

3.1.3　常见的数字音频文件格式

计算机中的数字音频文件可分为波形音频、CD 音频和 MIDI 音乐等形式。不同的编码方式生成不同的文件格式,比较常见的音频文件格式有 MP3、WAV、MIDI、WMA、RA、CDA、OGG 和 AIFF 等。

1. MP3 格式

MP3 是一种音频压缩技术,全称为 Moving Picture Experts Group Audio Layer Ⅲ(动态影像专家压缩标准音频层面 3),诞生于 20 世纪 80 年代的德国。MP3 使用了 MPEG-1 Audio Layer 3 音频有损压缩技术,牺牲了声音文件中 12~16kHz 高音频部分,即削减了人耳听不到的数据,将音频文件以 1:10~1:12 的压缩率进行压缩。因此,MP3 文件的存储空间和音质损坏都较小,适用于网络传播,是一种主流的音频格式。

2. WAV 格式

WAV 是最早的数字音频格式,也称波形声音文件,是微软公司专门为 Windows 系统开发的一种标准数字音频格式,能记录各种单声道和立体声的声音信息。WAV 文件的声音保真度高,质量与 CD 相差无几。但文件所占存储空间大,每分钟的音乐大约需要 12MB 磁盘空间,不适合交流和网络传播,仅适用于存储简短的声音片段。

3. MIDI 格式

MIDI 俗称电子音乐,是 Musical Instrument Digital Interface 的简称,意为乐器数字接口,是一种电子乐器之间以及电子乐器与计算机之间的统一交流协议。在 MIDI 文件中存储着一些指令,包括音符、音色、时间码、速度、调号、拍号、键号等乐谱指令,把这些指令发送给声卡,再由声卡按照指令将声音合成出来。因此,同一个 MIDI 音乐文件,在不同设备上播放出来的效果也不相同。MIDI 文件容量十分小巧,一首 3min 长度的音乐只有几十千字节(KB),且能包含数十条音乐轨道。在现代音乐中,很大一部分都是应用 MIDI 加上音色库制作合成的。

4. WMA 格式

WMA 全称为 Windows Media Audio,是微软在互联网音频、视频领域的力作,是 Windows 7 操作系统默认的音频编码格式。WMA 采用减少数据流量但保证音质的方法来达到更高的压缩率,压缩率一般可以达到 1:18,音质要高于 MP3。此外,WMA 还加入了防止复制和限制播放时间及次数的技术,能有力防止盗版现象。WMA 支持音频流技术,适合网络在线播放。

5. RealAudio 格式

RealAudio 由 Progressive Networks 公司开发,是一种流式音频(Streaming Audio)文件格式。它包含在 RealMedia 中,主要适用于低速网络环境下的在线播放。Real 文件格式主要包括 RA(RealAudio)、RM(RealMedia,RealAudio G2)和 RMX(RealAudio Secured)三种,其共同特点是在保证大多数用户听到流畅声音的前提下,能随着网络带宽的不同而改变音质。

6. CDA 格式

CDA 格式即 CD 格式,标准 CD 格式采用 44.1kHz 的采样频率、88KB/s 的速率、16 位量化位数,近似无损压缩,声音质量好。CD 光盘可在 CD 唱机中播放,也可使用计算机的播放软件播放。但用户不能直接复制 CD 格式的 ∗.cda 文件到硬盘,可以使用 Windows Media Player、Adobe Audition、GoldWave 这类软件提取 CD 音轨的数据,再转换另存为 MP3 或 WAV 等常用格式。

7. OGG 格式

OGG 格式全称为 OGG Vorbis,是一种音频压缩格式,完全免费开放,没有专利限制。OGG 音频文件可以不断地进行大小和音质改良,而不影响原始的编码器或播放器。OGG 和 MP3 都是有损压缩,由于 OGG 通过使用更加先进的声学模型去减少损失,音质比 MP3 更好。

8. AIFF 格式

AIFF 全称为 Audio Interchange File Format(音频交换文件格式),由美国 Apple 公司开发,是 Macintosh 操作系统的标准音频格式,属于 QuickTime 技术的一部分。可以使用 iTunes、暴风影音等软件进行播放。

3.1.4　数字音频编辑软件

微课视频

随着数字媒体技术的发展,音频处理技术得到广泛应用,音频处理软件也层出不穷。按功能特性可分为两类:一类是音序器软件,能模拟各种乐器的发声,具有数字音乐的创作功能,主流的音序器软件有 Cakewalk Sonar、Cubase SX、Nuendo、Ableton Live 等;另一类是音频编辑软件,主要用于对声音的录制、剪辑合成和后期特效处理,较为典型的音频编辑软件有 Adobe Audition、GoldWave、格式工厂、Sound Forge、WavePad Audio Editor 等。大多数专业的音序器软件一般同时具备音频编辑的功能,不仅功能强大,而且大多容易上手,能够帮助用户轻松创作出丰富多彩的数字音频作品。

1. Cakewalk Sonar

Cakewalk Sonar 被称为计算机音乐大师,集合了 MIDI 制作、软音源应用、效果插件、录音和后期混缩的全套功能。Cakewalk Sonar 提供了 256 个音轨,给作曲者提供了极大的自由创作空间,是一个全能的音乐制作工作站,也是专业音乐人必会的软件之一。Cakewalk Sonar 工作界面如图 3-5 所示。

2. GoldWave

GoldWave 是一款简单易用的数码音频编辑和录音软件,体积较小,安装起来十分方便。它可对多种声音格式进行相互转换,支持的声音格式非常多,包括 MP3、WAV、WMV、OGG、AIFF 等。GoldWave 可采用不同的采样频率进行录音,音源可以是 CD-ROM、录像机和麦克风等多种信号,还可以对声音文件进行编辑和混音,特效功能也比较强大,能充分满足音频编辑创作的基本需求。GoldWave 工作界面如图 3-6 所示。

3. 格式工厂

格式工厂(Format Factory)已经成为全球领先的多媒体文件格式转换软件,几乎支持所有类型的多媒体格式,已拥有庞大的用户群。通过格式工厂不仅可以对音频进行合并、分离、混合等编辑,还可以提取视频中的声音数据。格式工厂工作界面如图 3-7 所示。

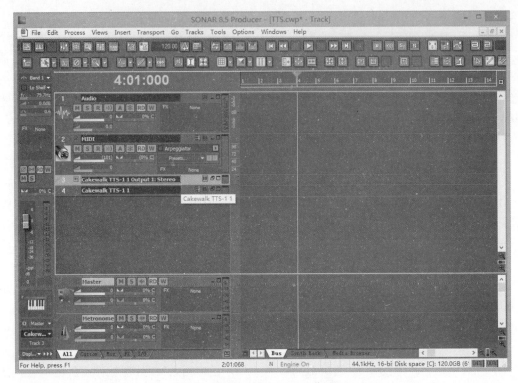

图 3-5　Cakewalk Sonar 工作界面

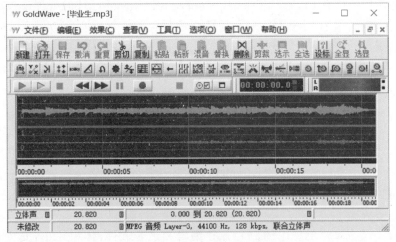

图 3-6　GoldWave 工作界面

4. Adobe Audition

Adobe Audition 是一个专业级的音频编辑软件,原名 Cool Edit Pro。在 2003 年,美国 Adobe 公司收购了 Syntrillium 公司的全部产品,将 Cool Edit Pro 音频技术融入公司的其他相关软件中,并将软件更名为 Adobe Audition 1.0。Audition 提供了先进的音频编辑、混合、控制和效果处理功能,最多支持 128 条音轨。在较新版的 Audition 中,提供了五十多种声音效果,用户还可以自己安装需要的效果插件。本章将重点介绍 Adobe Audition 的应用技巧。

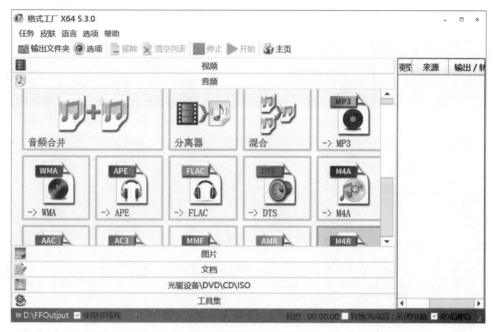

图 3-7　格式工厂工作界面

3.2　Adobe Audition 音频编辑基础

Adobe Audition 是一款非常优秀的音频编辑软件,具有音频录制、单轨音频编辑、多轨混音编辑、添加音频特效等功能。从本节开始,将使用 Adobe Audition CC 2020 介绍音频的编辑与处理技巧。

3.2.1　基本操作

1. 初识 Adobe Audition 的工作界面

在编辑音频时,Adobe Audition 有"波形"和"多轨"两种视图。新建或打开一个音频文件后,进入的是单轨"波形"工作视图,只能编辑一个音频波形文件,如图3-8所示。Audition 的工作界面主要包括标题栏、菜单栏、工具栏、编辑器窗口和浮动面板。常用的有"文件"浮动面板,用于显示已导入的声音文件;"效果组"浮动面板,用于给声音添加各种效果。在"编辑器"窗口中,有一个指示当前播放位置的"时间线",左下角的"时间码"即显示当前时间线所在的时间点。

新建或打开一个多轨会话文件后,进入的是"多轨"混音工作视图,可同时编辑多个轨道的音频文件,在"编辑器"左边有一个"音轨属性"区域,主要用于对多个音轨进行整体性编辑和宏观处理,如图 3-9 所示。

1)调整界面外观与软件的首选项

用户可以在"编辑"→"首选项"→"外观"选项中根据个人喜好来调整软件的色彩环境。用户还可以在"自动保存"选项中设置自动保存恢复数据的频率时间以及自动备份多轨会话文件的间隔时间和最大数量,如图 3-10 所示。

微课视频

微课视频

123

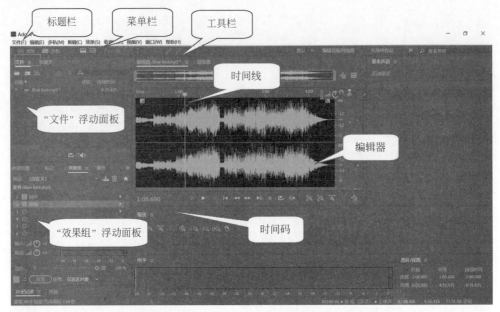

图 3-8　Adobe Audition 2020"波形"工作视图

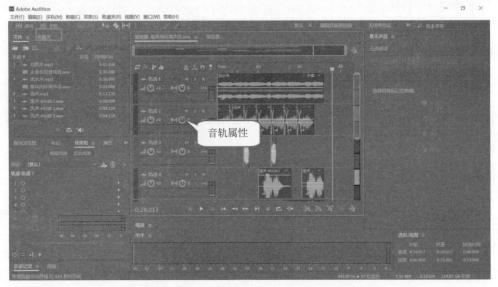

图 3-9　Adobe Audition 2020"多轨"工作视图

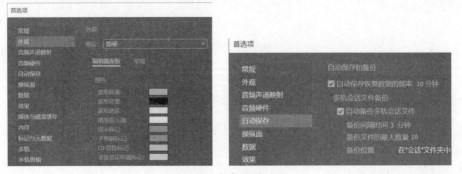

图 3-10　软件的首选项

2）调整工作区布局

启动 Adobe Audition 后，用户看到的是"默认"工作区界面。还可以在"窗口"→"工作区"子菜单中选择个人习惯使用的工作区布局模式，如"传统"和"简单编辑"等工作区模式，如图 3-11 所示。

3）显示或关闭面板

用户可以根据个人的操作需要，在"窗口"菜单中选择显示或关闭相应的面板，使工作界面简洁整齐。其中，编辑器窗口是编辑和管理声音的主要场所，如果不小心关闭了编辑器窗口，在"窗口"菜单中单击"编辑器"命令即可，如图 3-12 所示。

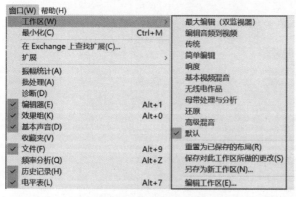

图 3-11　调整工作区布局

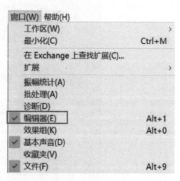

图 3-12　"窗口"菜单

4）时间码与时间线

位于"编辑器"窗口左下方的数值区叫作时间码，显示的是当前时间线所在的时间点，其格式为：分:秒.毫秒。1 秒等于 1000 毫秒。例如，数值"2:03.200"则表示当前时间线位于 2 分 3 秒 200 毫秒或 123.2 秒处，如图 3-13 所示。时间线可以通过鼠标拖动进行控制，也可以在数值区直接修改时间码来精确定位时间线的位置。

5）音频波形的缩放

为了便于查看和操作，在编辑音频的过程中，经常需要通过"缩放"面板对音频波形进行相应的缩放操作。"缩放"面板主要提供了如图 3-14 所示的功能按钮。

除了使用"缩放"面板中的工具缩放音频波形外，还可以通过鼠标的操作快速缩放音频波形。将鼠标移到水平/垂直标尺上，向上滚动鼠标滑轮，即可水平/垂直放大音频波形；向下滚动鼠标滑轮，即可水平/垂直缩小音频波形，如图 3-15 所示。

图 3-13　时间码与时间线

6）零交叉点

在进行音频处理的过程中，经常需要在波形中插入一个或多个片段，将波形进行排列和衔接。将一段波形的时间放大到一条曲线，波形与 X 轴的交叉点称为零交叉点，如图 3-16 所示。

用户在剪切编辑时，使用"零交叉点"调整波形选区，可使声音连接处的过渡更加自然，避免因合并位置波形振幅的变化而出现破音或声音不连贯的现象。如果对音效的要求不是特别高，也可以不从零交叉点开始剪切。用户可在"编辑"→"过零"子菜单中看到 6 个命令，

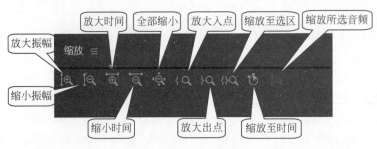

图 3-14 "缩放"面板

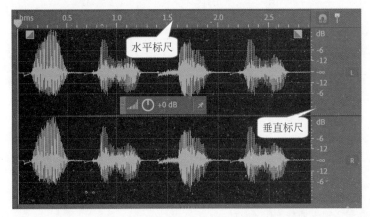

图 3-15 鼠标缩放波形

用于调整零交叉点,如图 3-17 所示。"向内调整选区"可在所选区域内,将左、右边界调整到最近的零交叉点;"向外调整选区"可在所选区域外,将左、右边界调整到最近的零交叉点;"将左端向左调整"可将所选区域的左边界调整到其左边最近的零交叉点;"将左端向右调整"可将所选区域的左边界调整到右方最近的零交叉点;"将右端向左调整"可将所选区域的右边界调整到其左方最近的零交叉点;"将右端向右调整"可将所选区域的右边界调整到其右边最近的零交叉点。

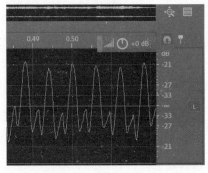

图 3-16 零交叉点

过零(Z)	▶	向内调整选区(I)	Shift+I
		向外调整选区(O)	Shift+O
		将左端向左调整(L)	Shift+H
		将左端向右调整(E)	Shift+J
		将右端向左调整(G)	Shift+K
		将右端向右调整(R)	Shift+L

图 3-17 调整零交叉点

7) 标记点

为方便音频剪辑,在波形的某些时刻或某个时间范围内做的记号,称为标记。标记可以精确地在音频波形上标记出需要做记号的位置,标记分为位置标记和范围标记。移动时间线到需要标记的位置,选择"编辑"→"标记"→"添加提示标记"命令,此时添加的标记为位置标记。选取一段波形区域,选择"编辑"→"标记"→"添加提示标记"命令,此时添加的标记为范围标记。位置标记是在某个时刻做的记号,这里只有一处标记;范围标记是在某个时间范围内做的记号,包括范围的开始和结束两处标记,如图 3-18 所示。

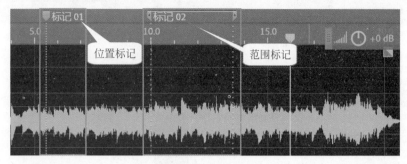

图 3-18　标记点

选择"窗口"→"标记"命令,可以打开"标记"面板。在"标记"面板中,每个标记都包含名称、开始、结束、持续时间、类型和描述等信息。用户还可以对标记进行管理,包括添加提示标记、删除所选标记、合并所选标记、将所选范围标记插入播放列表、将所选范围标记音频导出为单独文件和插入到多轨混音中等操作,如图 3-19 所示。

媒体浏览器	效果组		标记 ≡				
名称		开始 ↑	结束	持续时间	类型		描述
标记 01		0:05.500		0:00.000	提示	∨	
标记 02		0:10.000	0:13.534	0:03.534	提示	∨	

图 3-19　"标记"面板

2. 波形的基本操作

打开一个音频文件后,就可以在"编辑器"中对波形数据进行各种操作,主要包括关闭或启用声道、选取波形、复制波形、剪切波形、粘贴波形、混合粘贴波形、删除波形、裁剪波形等操作,基本上所有的操作命令都位于"编辑"菜单或波形的快捷菜单中,分别如图 3-20 和图 3-21 所示。

1) 关闭或启用声道

在 Adobe Audition 的立体声文件中,声道可以分为左声道和右声道,默认上面的轨道为左声道,下面的轨道为右声道。在编辑波形时,用户可以根据需要关闭或启用相应的声道。方法一:在"编辑器"窗口中单击"切换声道启用状态:左声道"按钮 L 可以关闭左声道,此时左声道波形呈灰色显示,处于不可编辑状态,如图 3-22 所示。再次单击"切换声道启用状态:左声道"按钮 L ,即可重新启用左声道的声音。方法二:可以在"编辑"→"启用声道"的子菜单中根据需要关闭或启用相应的声道。

2) 选取与取消选区波形

在编辑音频时,只有先选取波形数据后,才能进行其他更复杂的处理。选取波形的基本方法可分为以下三种情况。

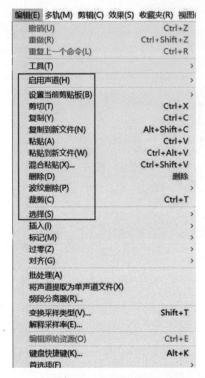

图 3-20　"编辑"菜单

图 3-21　波形快捷菜单

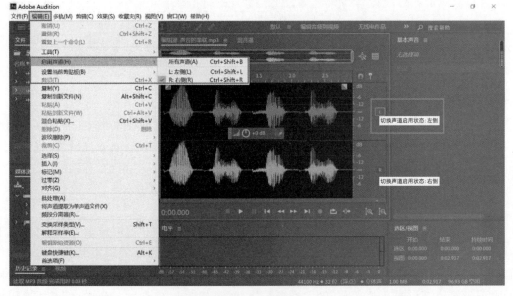

图 3-22　启用声道

（1）选取全部波形。

如果要选取全部波形进行编辑，比较常用的方法是按 Ctrl+A 组合键或在波形上右击，在快捷菜单中选择"全选"命令；也可以使用"编辑"→"选择"→"全选"命令或在波形上双击鼠标左键选取全部波形数据。

（2）鼠标选取波形。

选用"时间选择工具" 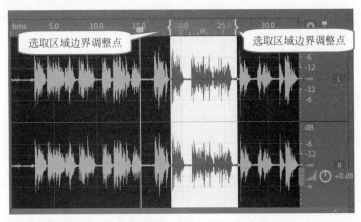后，按住鼠标左键在波形上拖动，可直接选取一段波形数据。波形背景呈现白色高亮状态的部分即已被选取的波形。如果需要重新调整选取区域的边界，可以用鼠标拖曳移动"选取区域边界调整点"来调整选区的范围，如图 3-23 所示。

图 3-23　鼠标选取波形

（3）精确选取波形。

如果要按照预定时间来精确选取一段波形，首先在"窗口"菜单中显示"选区/视图"面板，如图 3-24 所示。用户可以输入精确的开始时间和结束时间，也可以输入开始时间和持续时间长度。图中表示选取了一段从 3s 开始到 10s 结束，持续时间长度为 7s 的音频波形。

图 3-24　精确选取波形

要取消对波形的选取，可以使用"编辑"→"选择"→"取消全选"命令或按 Ctrl＋Shift＋A 组合键快速完成操作。

3）复制波形

与其他 Windows 应用程序一样，如果要复制数据，就应先将数据临时存入剪贴板，即预先复制数据。在 Adobe Audition 中选取波形后，可以通过波形的快捷菜单或选择"编辑"→"复制"命令或按 Ctrl＋C 组合键将选取的波形临时存储于剪贴板，为后面的粘贴操作服务。

4）剪切波形

剪切波形段后，波形临时存储于剪贴板，而选取区域的原波形数据被删除。可以通过波形的快捷菜单或选择"编辑"→"剪切"命令或按 Ctrl＋X 组合键将选取的波形临时存储于剪贴板，同样为后面的相关粘贴操作服务。

5）粘贴波形

在 Adobe Audition 中，位于波形快捷菜单和"编辑"菜单中的"粘贴"命令就是普通粘贴，对应 Ctrl＋V 组合键，即将剪贴板中的波形数据从时间线开始位置处直接粘贴。除此之外,还有"粘贴到新建文件"命令,即剪贴板中的波形数据粘贴进一个新的音频文件中。

6) 混合粘贴波形

混合粘贴波形是将已复制或剪切的波形数据从时间线开始位置处混合入其他波形数据中,即将两段不同的波形数据进行混合叠加,合成一段新的音频文件。可以通过波形快捷菜单中的"混合粘贴"命令,也可以使用"编辑"→"混合粘贴"命令或按 Ctrl+Shift+V 组合键完成操作。

7) 设置当前剪贴板同时存储多段波形

"设置当前剪贴板"命令可以实现在软件的剪贴板中同时存储多段波形数据,一共包含5 个剪贴板,常用于大型音乐项目的合成,如图 3-25 所示。首先,用户选取一段波形数据,在"编辑"→"设置当前剪贴板"的子菜单中按数字顺序指定一个空的剪贴板,再单击"复制"或"剪切"命令,此时波形数据就存入了之前指定的剪贴板中,该剪贴板变为非空剪贴板。图 3-25 中显示已有 4 段波形被临时存储于"剪贴板 1"~"剪贴板 4"中。如果还要将一段波形存储在"剪贴板 5(空)"中,只需选取波形数据后,在"编辑"→"设置当前剪贴板"的子菜单中选择"剪贴板 5(空)",再单击"复制"或"剪切"命令,波形就存放在了"剪贴板 5"中。当需要粘贴存储在软件剪贴板中的波形时,用户只需切换到指定的剪贴板,再使用"粘贴"命令或Ctrl+V 组合键即可。

设置当前剪贴板(B)	>	剪贴板 1	Ctrl+1
剪切(T)	Ctrl+X	剪贴板 2	Ctrl+2
复制(Y)	Ctrl+C	剪贴板 3	Ctrl+3
复制到新文件(N)	Alt+Shift+C	• 剪贴板 4	Ctrl+4
粘贴(A)	Ctrl+V	剪贴板 5 (空)	Ctrl+5

图 3-25　设置当前剪贴板

8) 删除波形

删除波形是把一段不需要的波形选取后直接删除,并不保留在剪贴板中。可以通过波形快捷菜单中的"删除"命令,也可以使用"编辑"→"波纹删除"命令或按 Delete 键完成操作。删除该段波形后,后面的波形自动提前,整个波形文件的时间长度将变短。

9) 裁剪波形

裁剪波形的功能类似于删除波形,不同之处在于删除波形是把选中的波形删除,而裁剪波形是保留选取的波形,删除未被选取的波形,两者的作用正好相反。可以通过波形快捷菜单中的"裁剪"命令,也可以使用"编辑"→"裁剪"命令或按 Ctrl+T 组合键完成操作。

3.2.2　Audition 单轨音频编辑

微课视频

微课视频

微课视频

在 Audition 中,单轨音频编辑用于简单的录音、声音剪辑和效果处理,只会对单个音频产生影响。如果是较复杂的声音合成和处理就需要用多轨编辑界面。本节介绍单轨音频编辑的操作方法。

1. 新建音频文件

在 Adobe Audition 的"文件"→"新建"子菜单中选择"音频文件"即表示新建单轨音频文件,弹出如图 3-26 所示的对话框。其中,采样率即采样频率,默认为

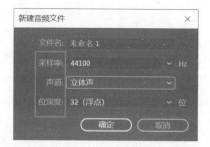

图 3-26　新建音频文件

44 100Hz，就是 CD 的音质。采样频率越高，音质越好，相应的文件容量也越大。声道包括单声道、立体声双声道和 5.1 中央声道三个选择。从音质来看，5.1 声道优于立体声音质，立体声音质优于单声道音质。相同时间长度的一段音频文件，5.1 声道的文件容量最大，其次是立体声。位深度即采样量化位数，位数越多，对音频信号的采样精度就越高，声音失真越小，相应数字文件的数据量也越大。单击"确定"按钮后，即创建了一个空白单轨音频文件。

2. 导入音频文件

音频素材可以现场录制，也可以插入已有的音频文件。插入音频文件的常用方法是：选择"文件"→"导入"→"文件"命令，在弹出的对话框中选择要导入的音频文件，如图 3-27 所示。单击"打开"按钮，音频文件即导入到了"文件"面板中，如图 3-28 所示。

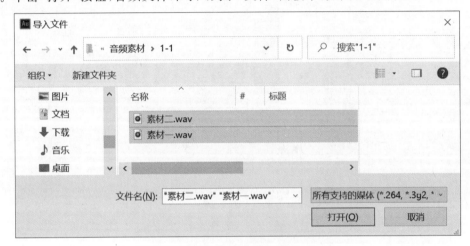

图 3-27　导入音频文件

图 3-28　"文件"面板

3. 保存音频文件

音频文件在单轨编辑界面编辑好后，应及时进行保存，以免数据丢失。在"文件"菜单中，Audition 提供了多个与保存相关的命令，包括"保存""另存为""全部保存"命令。

4. 单轨音频编辑实例

1）声音的串联

应用"素材 1.wav"和"素材 2.wav"制作一串新的数字"1949"。

实验步骤：

打开两个文件"素材 1.wav"和"素材 2.wav"。"素材 1.wav"的波形内容是数字 1、3、5、

131

7、9的朗读;"素材2.wav"的波形内容是数字2、4、6、8、0的朗读。如果要形成一串新的数字"1949",就需要对波形进行编辑操作,具体步骤如下。

(1)选择"文件"→"新建"→"音频文件",新建一个空白单轨音频文件,参数可以自定。

(2)选择"文件"→"导入"→"文件"命令,在弹出的对话框中选择要导入的音频文件,单击"打开"按钮,音频文件导入到"文件"面板中。

(3)在"文件"面板中双击"素材1.wav",试听后,在编辑器中按住鼠标左键并在波形上拖动,选取"1"这段波形数据,再选择"编辑"→"复制"命令,如图3-29所示。

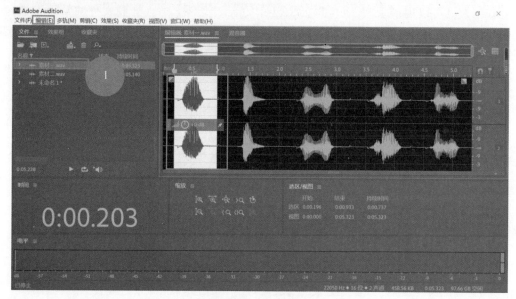

图 3-29　复制波形

(4)在"文件"面板中双击之前新建的空白音频文件"未命名1",先将时间线移动到开始粘贴的位置,选择"编辑"→"粘贴"命令,如图3-30所示。

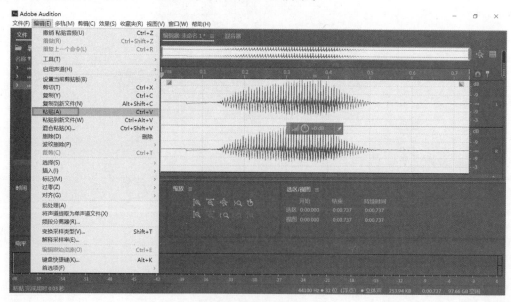

图 3-30　粘贴波形

（5）重复步骤（2），完成复制数字"9"。在新文件中粘贴的时候，需先将时间线定位到开始粘贴的位置，如图 3-31 所示，然后再选择"粘贴"命令。由于生成的新文件中出现两次"9"，可以执行两次粘贴操作。

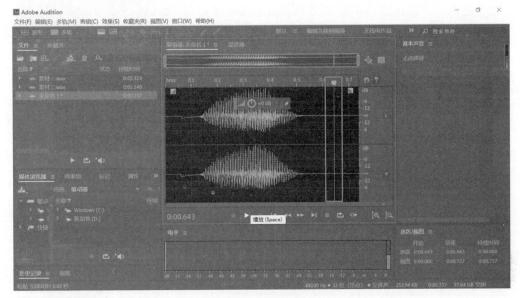

图 3-31　移动时间线

（6）以相同操作完成数字"4"的复制和粘贴，粘贴前注意时间线的位置。

（7）将四个数字串联后，如果中间需要删除多余的数据，可选取波形后，直接按 Delete 键或选择"编辑"→"删除"命令。最后，保存音频文件，如图 3-32 所示。

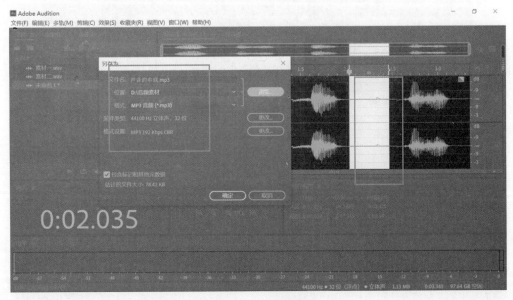

图 3-32　保存音频文件

2）左右声道合成

将"再别康桥.mp3"和"小夜曲.mp3"两段声音素材合成一个立体声文件，左声道是"再

别康桥.mp3"男声朗诵,右声道是"小夜曲.mp3"音乐
伴奏,最终声音文件的长度为 50s。

实验步骤:

(1)新建一个空白立体声音频文件,如图 3-33 所
示。导入素材"再别康桥.mp3"和"小夜曲.mp3"。

(2)在"编辑"→"启用声道"中取消"右侧"的选取
或在"编辑器"窗口中单击"切换声道启用状态:右声
道"按钮 R 关闭右声道。

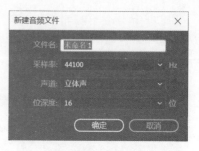

图 3-33　新建立体声音频文件

(3)复制"再别康桥.mp3"的波形数据,切换到新建文件,在左声道粘贴波形数据,如
图 3-34 所示。

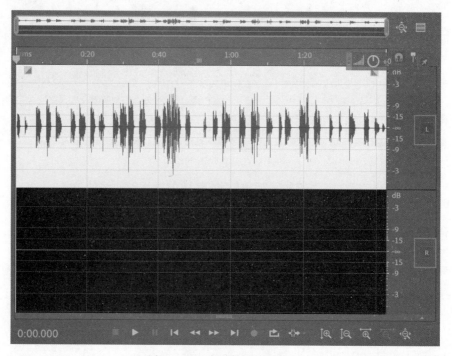

图 3-34　左声道粘贴波形数据

(4)同理,关闭左声道,启用右声道;复制"小夜曲.mp3"波形数据,切换到新建文件,在
右声道粘贴波形数据。

(5)单击"切换声道启用状态:左声道"按钮 L 启用左声道。在"选区/视图"面板中,输
入精确的选区"开始"时间为 0:00.000,"结束"时间为 0:50.000;选择"编辑"→"裁剪"命令
或按 Ctrl+T 组合键完成声音的裁切。

(6)保存文件。

3)声音的混合——女声配乐朗诵

应用素材"女声朗诵.mp3"和"背景音乐——记忆.mp3"制作一段"女声配乐朗诵",最
终声音文件的长度为 60s。

实验步骤:

(1)新建一个空白立体声音频文件,选择"文件"→"导入"→"文件"命令,将素材"女声

朗诵.mp3"和"背景音乐——记忆.mp3"导入到"文件"面板中。

（2）在"文件"面板中双击文件"背景音乐——记忆.mp3"，选取全部波形数据后，复制波形；切换到新建的音频文件，粘贴波形数据，如图3-35所示。

图3-35　粘贴波形

（3）复制素材"女声朗诵.mp3"的波形数据，切换到新建的音频文件，移动时间线到需要开始混入朗诵内容的位置，选择"编辑"→"混合粘贴"命令，在弹出的对话框中粘贴类型为"重叠（混合）"。一般，背景音乐不能喧宾夺主，故可适当调低背景音乐的音量，再单击"确定"按钮，如图3-36所示。这样的操作使得两段原本独立的波形数据完全混合在一起，对数据具有破坏性。所以，一般情况下最好预先备份数据。

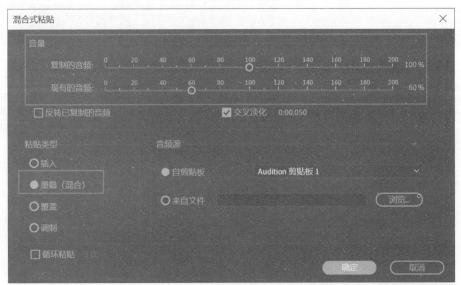

图3-36　混合粘贴

（4）在"选区/视图"面板中，输入精确的选区"开始"时间为0:00.000，"结束"时间为0:60.000，如图3-37所示；选择"编辑"→"裁剪"命令或按Ctrl+T组合键完成声音的裁切。

（5）最后，保存音频文件"女声配乐朗诵.mp3"。

3.2.3　Audition多轨音频编辑

给影视动画作品配音时，往往需要将多个音频文件排列合成在一起，才能达到作品的创作要求，这就需要在多轨界面下完成编辑。Audition的多轨界面是一个非常灵活的编辑环

微课视频

135

图 3-37　精确选取波形

境，每一个轨道上都可以插入若干不同的音频文件、视频文件或视频中的音频，这些音频、视频素材在多轨项目中称作剪辑（Clip），各剪辑相互独立，可对其进行单独非破坏性的编辑和调整。如果对混音效果不满意，还可对原始文件重新混合。

1. 新建多轨项目文件与插入音频文件

在 Adobe Audition 的"文件"→"新建"子菜单中，选择"多轨会话"即表示新建一个多轨项目文件，在弹出的"新建多轨会话"对话框中设置文件的名称、保存位置、采样率、位深度和主控声道数，如图 3-38 所示。单击"确定"按钮后，即新建了一个多轨项目文件，文件扩展名为.sesx，如图 3-39所示。

图 3-38　"新建多轨会话"对话框

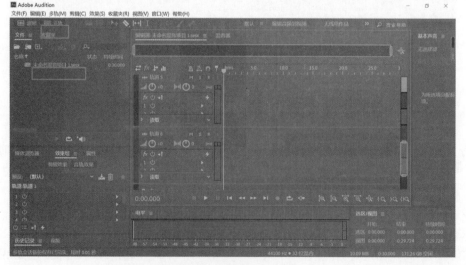

图 3-39　新建多轨项目文件

在多轨项目文件中,可以现场录制音频文件,也可以插入已有的音频文件。插入音频文件的常用方法是:先选择"文件"→"导入"→"文件"命令,在弹出的对话框中选择要导入的音频文件,单击"打开"按钮;音频文件导入到"文件"面板中,然后拖曳"文件"面板中的音频文件到相应的轨道即可,如图 3-40 所示。

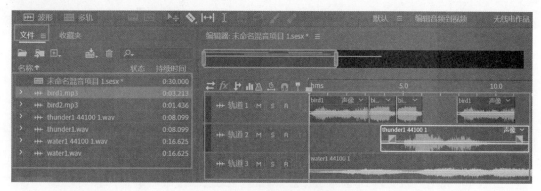

图 3-40　导入音频素材到轨道

2. 轨道的类型

打开一个多轨项目"作品(乐器合奏).sesx",在 Audition 的多轨视图下有四种不同类型的轨道,包括音频轨道、总音轨、主控音轨和视频轨道。其中,音频轨道和总音轨可以自由添加,而视频轨道和主控音轨只有一条,如图 3-41 所示。

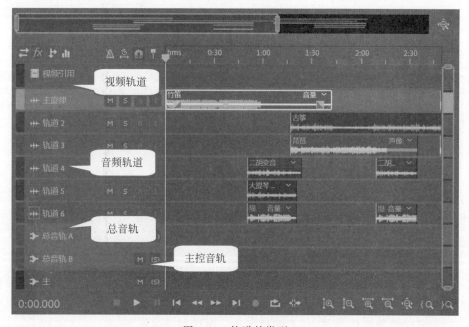

图 3-41　轨道的类型

1) 音频轨道

Audition 的音频轨道用于放置当前项目中导入的音频文件或剪辑,提供最大范围的控制。在音频轨道中,用户可以对剪辑进行各种编辑操作,具体指定输入/输出,添加效果和自动缩混音频。在多轨视图的默认状态下,共显示 6 条音频轨道。

137

2）总音轨

总音轨可以合并多轨音频的输出或统一进行轨道的发送和控制,集中控制音频轨道。如果将所有音频轨道输出到总音轨,就可以通过总音轨的一个滑块来控制所有音频轨道的音量。总音轨除了不具备硬件输入功能外,几乎具备了音频轨道的所有功能。

3）主控轨道

每个多轨项目文件都包含一条位于底端的主控轨道,且不能删除。主控轨道可以合并多个音频轨道和总音轨的输出并进行统一控制,它不能与音频输入进行连接。一般先将所有音频轨道输出到总音轨,然后由主控轨道直接输出到声卡,最终听到声音。

4）视频轨道

视频轨道用于放置视频剪辑,位于最上面,且只有一条。视频轨道能够显示视频的缩略图,用户还可以通过"视频"窗口来观看画面。

3. 轨道的编辑

在 Audition 中,用户可以添加轨道、删除轨道、复制轨道、命名轨道和移动轨道。主控轨道和视频轨道都仅有一条,不能再添加。

1）添加轨道

用户可以根据编辑需要在"多轨"→"轨道"子菜单中选择"添加轨道"命令,就会在所选轨道的下方插入一条轨道,如图 3-42 所示。在添加轨道时,需注意区分单声道、立体声和 5.1 声道的区别。

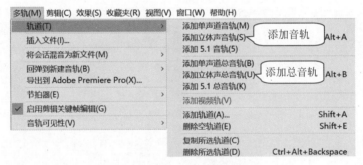

图 3-42　添加轨道

2）删除轨道

选定要删除的轨道,选择"多轨"→"轨道"→"删除所选轨道"就可以删除该轨道。如果要删除多余的空轨道,直接选择"删除空轨道"命令即可。

3）复制和移动轨道

选定需要复制的轨道,选择"多轨"→"轨道"→"复制所选轨道"命令就可以复制该轨道。如果要移动轨道的位置,可将鼠标定位到轨道名称左侧,当鼠标显示为手形时进行拖曳,如图 3-43 所示所选轨道即跟随移动,待到目标位置时再松开鼠标即可。

4）命名轨道

合理命名轨道有利于更好地识别不同的轨道,提高编辑的效率。在多轨界面的"编辑器"窗口中,单击轨道左侧的轨道名称,该轨道名称即进入可编辑状态,直接输入新的轨道名称即可,如图 3-44 所示。

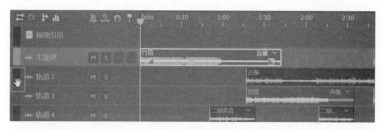

图 3-43　移动轨道

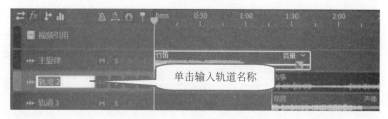

图 3-44　命名轨道

4. 轨道的基本操作

1）设置轨道的状态

在多轨界面中，每一条音频轨道前面都有 M、S、R 三个字母，如图 3-45 所示。M（Mute）代表此轨道静音；S（Solo）代表此轨道独奏，有声音；R（Record）代表对此轨道进行录音，只有在空轨道状态下，才可以进行录音。如果同时启用了 M（静音）和 S（独奏）按钮，则 M（静音）按钮具有优先权。

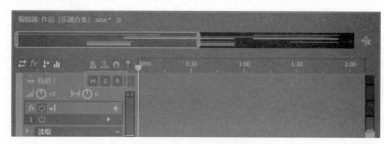

图 3-45　轨道的控制区

2）设置轨道的输出音量

要设置轨道的输出音量，在"编辑器"窗口轨道控制区的"音量"旋钮处按住鼠标左键后，上下、左右拖曳鼠标即可进行调整。用鼠标调整时，按住 Shift 键，可以较大幅度地调整音量；按住 Ctrl 键，可以较细微地调整音量。还可以单击"音量"旋钮后面的数值框，直接输入音量值，如图 3-46 所示。

图 3-46　设置轨道的音量

5. 编辑多轨音频剪辑

1) 选取剪辑

在 Audition 中插入一个音频文件后,该音频文件就成为轨道上的一个剪辑。对剪辑执行各种操作前,需先选取一个或多个剪辑,也可以选取剪辑中的一段声音。

(1) 选取一个或多个剪辑。

在多轨界面的工具栏中,默认为"移动工具"状态。要选取一个剪辑,直接单击剪辑即可。如果要同时选取多个剪辑,可以在按住 Ctrl 键的同时,单击要选取的剪辑。图 3-47 中,同时选取了"竹笛"和"琵琶"两个剪辑。

图 3-47　多轨界面工具栏

(2) 选取一段声音

如果要选取一段波形,可以使用"时间选择工具",再按住鼠标左键拖曳完成选取;也可以通过"选区/视图"面板,输入精确的开始时间和结束时间,完成精确选取波形。

2) 拆分剪辑

在多轨界面的工具栏中有一个"切断所选剪辑工具",也叫"剃刀"工具,如图 3-47 所示。使用"切断所选剪辑工具",在剪辑需要被切断的位置处单击,即可以将该剪辑拆分为两段。用户还可以在"编辑器"窗口中定位需要拆分的时间线位置,使用"剪辑"→"拆分"命令对多个轨道的剪辑进行快速拆分操作。

3) 组合剪辑

在 Audition 的多轨界面中,如果要同时对两个或多个剪辑进行操作,又要保证其绝对位置保持不变,就需要将这些剪辑组合后再进行操作。按住 Ctrl 键,同时选取多个剪辑后,选择"剪辑"→"分组"→"将剪辑分组"命令或按 Ctrl+G 组合键,所选剪辑以相同的颜色显示,并在剪辑的左下角显示一个编组标记符号,表示这些剪辑是一个组合,如图 3-48 所示。当移动一个剪辑时,其他剪辑也随之移动,保持绝对位置不变。如果要取消组合,选择"剪辑"→"分组"→"取消分组所选剪辑"命令即可。

4) 添加剪辑的淡入淡出效果

在多轨界面中,用户可以根据需要为轨道的剪辑设置淡入淡出效果,使音频播放起来更加自然协调。选定一个音频剪辑后,在"素材"菜单中可以直接选择"淡入"或"淡出"命令给当前剪辑添加淡入或淡出效果。用户也可以手动设置淡入淡出效果,选定一个剪辑后,在剪辑的左右两端各有一个淡变控制图标 ◣ 和 ◥ ,如图 3-49 所示。选中淡变控制图标,向内侧拖曳可以调整淡变的时间长度,上下方向拖曳可以调整淡变的曲线。

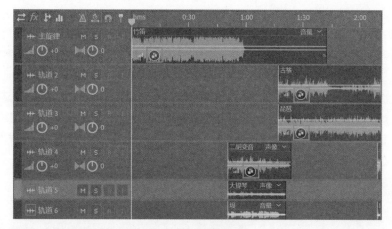

图 3-48　组合剪辑

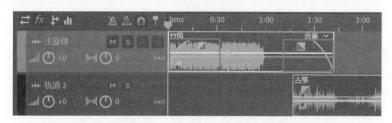

图 3-49　设置剪辑的淡入淡出效果

对于两段相邻剪辑,设置淡入淡出的转场效果,可使两段剪辑实现平滑过渡。首先,将两个剪辑放置到同一轨道上,使用移动工具将它们重叠在一起,重叠的部分就是淡变效果的范围。然后,在重叠区域上下拖曳淡变控制图标,来调整淡变效果的曲线即可,如图 3-50 所示。

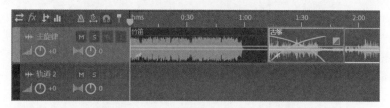

图 3-50　设置相邻剪辑的淡入淡出效果

6. 保存多轨会话文件与混音输出

1) 保存多轨会话文件

编辑多轨会话文件后,应及时保存文件。选择"文件"→"保存"命令,在第一次保存时,弹出如图 3-51 所示的对话框,可在对话框中设置文件名、位置和格式等信息。Audition 的多轨会话文件扩展名为 .sesx,它存储的是相关剪辑的位置、包络和效果的各种参数等信息,并不保存具体的音频波形,文件所占存储空间相对较小。当再次打开时,可以继续编辑和修改。

图 3-51　保存多轨会话文件

142

2) 导出多轨混音文件

当用户编辑完一个多轨混音文件,对整体效果感到满意后,就可以将音轨混合到一起导出为最终的音频作品,这个过程称为混音或缩混。打开"文件"→"导出"→"多轨混音"子菜单,里面包含三个命令,如图 3-52 所示。其中,"时间选区"表示按用户选取的时间范围进行混音导出;"整个会话"表示将整个项目混音导出;"所选剪辑"表示将用户选定的一个或多个剪辑混音导出。选择其中一个命令后,会弹出如图 3-53 所示的对话框。在弹出的"导出多轨混音"对话框中输入生成的音频文件名、位置和文件格式,还可以更改采样类型等属性。最后,单击"确定"按钮即可。

图 3-52　"导出"→"多轨混音"子菜单

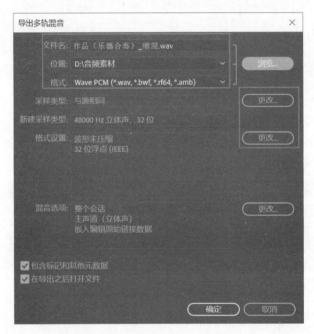

图 3-53　导出多轨混音文件

7. 多轨混音实例——暴风雨环境声音

应用素材"流水声.mp3""雷声.mp3""风声.mp3""雨声.mp3""鸟鸣声.mp3"混音合成一段暴风雨来临前的自然环境效果,总时长为 26s。

实验步骤:

(1) 启动 Adobe Audition,选择"文件"→"新建"→"多轨会话"命令。在对话框中设置文件的参数:采样率 44 100Hz,16 位量化位数的立体声文件,如图 3-54 所示。

(2) 选择"文件"→"导入"→"文件"命令,将素材"流水声.mp3""雷声.mp3""风声.mp3""雨声.mp3""鸟鸣声.mp3"导入到"文件"面板,并分别置于相应的轨道,如图 3-55 所

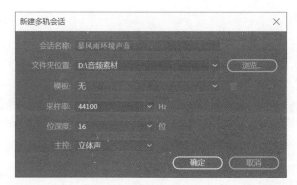

图 3-54　新建多轨会话

示。使用移动工具将位于轨道 2 的"风声"剪辑两两重叠在一起,在重叠区域上下拖曳淡变控制图标,来调整淡变的线性曲线,实现两段声音的自然过渡效果,如图 3-55 所示。

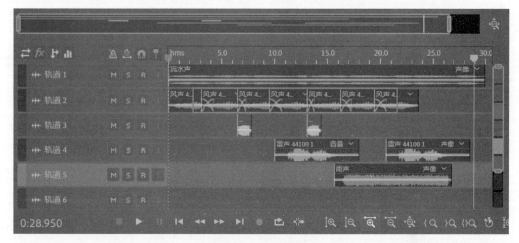

图 3-55　声音的淡变

（3）调整轨道 4 中第一个"雷声"剪辑的音量。使用"移动工具"调整波形上的黄色包络,如图 3-56 所示。

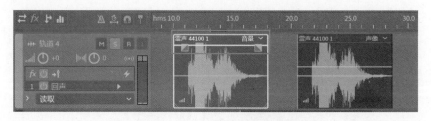

图 3-56　调整剪辑的音量

（4）裁切剪辑。在"编辑器"窗口左下角,把时间码设置为"0：26.000",将时间线定位到 26s 处;使用工具栏中的"切断所选剪辑工具"在相应剪辑处切断,也可以使用"剪辑"→"拆分"命令对多个轨道的剪辑同时快速切断;删除 26s 之后的多余波形剪辑。最终效果如图 3-57 所示。

（5）保存多轨会话文件.sesx。最后,选择"文件"→"导出"→"多轨混音"→"整个会话"命令,将文件保存为"暴风雨环境缩混.wav"。

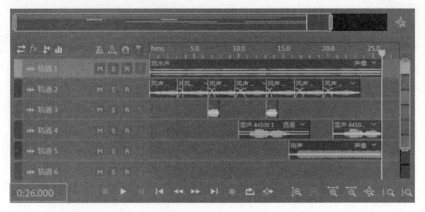

图 3-57　裁切剪辑

3.3　Audition 音频效果器技术

在录制或编辑好声音后,一般都要做后期的加工和处理,也就是声音的后期特效处理,达到美化音频和纠正问题的目的。

微课视频

3.3.1　音频效果基础

Adobe Audition 的"效果"菜单提供了十分丰富的效果命令,能满足绝大部分对声音的处理要求,制作出满意的音频作品。用户能方便地为声音添加各种效果,可以添加一种效果,也可以同时添加多种效果。

1. 添加一种效果

如果要给声音添加一种效果,选取一段波形或整个音频剪辑后,在"效果"菜单中选择需要的效果命令,然后在相应的对话框中调整参数,试听效果,还可根据需要进一步调整。

2. 同时添加多种效果

如果要为一段剪辑同时添加多种效果,首先在"效果"或"窗口"菜单中显示"效果组"面板。在"效果组"面板中,用户可在"预设"下拉列表中选择需要的效果,也可以单击"效果组"面板的右三角形按钮,激活效果菜单,选择需要的效果,如图 3-58 所示。其中,同时添加了

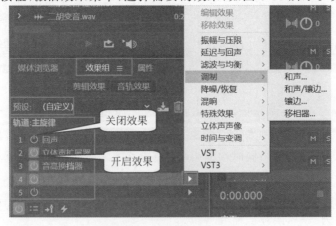

图 3-58　同时添加多种效果

"回声""立体声扩展器""音高换挡器"效果,"回声"效果左侧的"切换开关状态"按钮已关闭,而"立体声扩展器"和"音高换挡器"效果左侧的"切换开关状态"按钮已开启。如果不再需要该效果,除了关闭效果外,也可以在快捷菜单中选择"移除所选效果"或"移除全部效果"命令。

在 Audition 中,"效果"菜单下的大部分命令可同时应用于单轨波形编辑和多轨编辑界面中。但是,也有一部分效果命令只能应用于单轨波形编辑中,如"淡化包络""增益包络"等效果。这些效果不能应用于"效果组"中,且具有破坏性,会影响原始音频波形数据。

3.3.2 Audition 音频效果器的应用

Audition 的内置音频效果器十分丰富,根据其主要功能可以分为"振幅与压限""降噪/修复""延迟和回声""时间与变调"等。应用好这些特效,能为音乐和影视作品增添更多的魅力。

1. 振幅与压限

"振幅与压限"效果组主要用于调整声音的音量、音调的高低,常用的包括增幅、声道混合器、消除齿音、淡化包络(处理)、增益包络(处理)等,如图 3-59 所示。

1) 增幅

"增幅"效果器用于改变波形的振幅,即提升或削减音量。增益值越大,声音越大;增益值越小,声音越轻越柔和。取消勾选"链接滑块"复选框,可以分别控制左声道和右声道的音量,如图 3-60 所示。

图 3-59 "振幅与压限"效果组

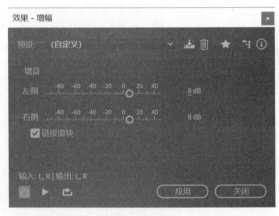

图 3-60 增幅

2) 声道混合器

"声道混合器"效果器可以调整立体声或环绕声道的平衡,能随意改变声音的表现位置,从而得到较好的立体声或环绕声效果。在预设中,可以选择"互换左右声道",也可以把立体声混音为单声道等,如图 3-61 所示。

3) 消除齿音

齿音常指人在发出某些声音时,因气流与牙齿产生摩擦,而发出的比较刺耳的声音,也可以是对一些扭曲高频声音的统称。"消除齿音"效果器可用于消除此类声音。"消除齿音"有两种模式:宽带(宽频)和多频段。"宽带"模式处理的频段范围比较宽泛;"多频段"模式

146

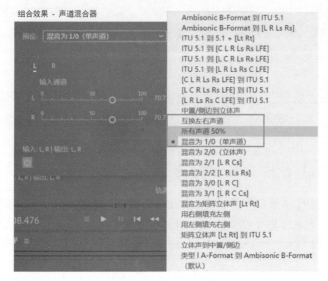

图 3-61　声道混合器

仅对用户指定的频段范围进行处理,相对比较精确。"阈值"是指振幅的上限,超过该值将进行压缩。"中置频率"是指定齿音最强时的频率。"带宽"是指触发压缩器的频率范围。勾选"仅输出齿音"复选框,可听检测到的齿音。在预设中,系统包含多种消除齿音的常用效果,可根据素材情况选用,如图 3-62 所示。

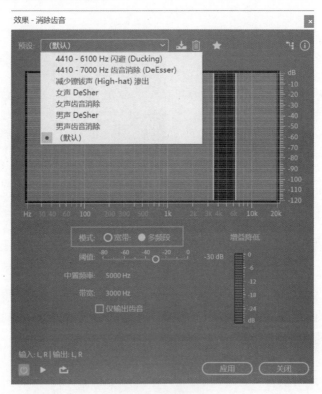

图 3-62　消除齿音

4）淡化包络

一般情况下，音乐作品的开始部分音量逐渐由小到大，而结尾部分音量逐渐由大到小，形成自然过渡，这种效果叫作淡化。"淡化包络"效果器用于设置声音的淡入淡出，对波形具有破坏性，只能应用于单轨波形编辑器中。在预设中，包含多种淡化算法，有 Z 字形、平滑、线性、脉冲和贝塞尔曲线等。在图 3-63 中，给左边前 2s 波形添加"平滑淡入"的效果，前后波形发生了明显的变化。用户可拖曳波形上的黄色包络线调整振幅百分比，也可单击黄色包络线添加关键帧之后进一步调整曲线的形态，以达到满意的声音效果。

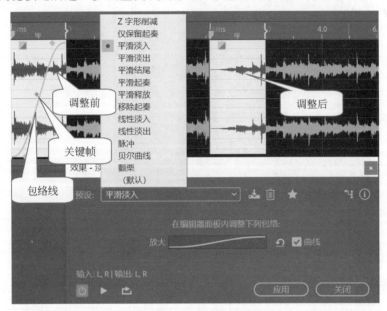

图 3-63　淡化包络

5）增益包络

"增益包络"效果器可以随着时间的推移来提升或削减音量，对波形具有破坏性，只能应用于单轨波形编辑器中。在系统的预设中，包含多种增益效果。选择某种增益后，波形上显示一根黄色的包络线，可拖曳包络线来调整曲线的形态，以达到理想的声音效果。在图 3-64 中，开始 6s 波形应用了"柔化起奏"增益包络效果，前后波形发生了明显的变化。

图 3-64　增益包络

6）强制限幅

"强制限幅"效果器(简称压限)能把信号幅度限制在一定范围内,可以大幅衰减高于指定阈值的音频,是均衡调节整体音量而避免失真的常用方法。"最大振幅"是指允许的最大采样振幅,如图 3-65 所示。例如,将"最大振幅"值设为 -4.0dB,则音量最高值将被限制为 -4.0dB,保证电平信号不会超标。

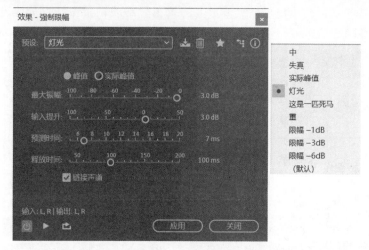

图 3-65　强制限幅

7）标准化

"标准化"效果器如图 3-66 所示,能自动检测选定波形的最大音和最小音,将波形按照比率来增加或压缩振幅,整体声音提升到一定音量大小后,就不再调整。相当于平衡最小音和最大音之间的差距,让整体的音量提上来而又不超过用户设定的值。例如,当标准化音频为 100% 时,达到数字化音频允许的最大振幅为 0dBFS。"标准化"效果器对波形具有破坏性,只能应用于单轨波形编辑器中。

8）语音音量级别

"语音音量级别"效果器用来优化、均衡语音中的音量变化,同时能降低某些信号的背景噪声,如图 3-67 所示。

图 3-66　标准化

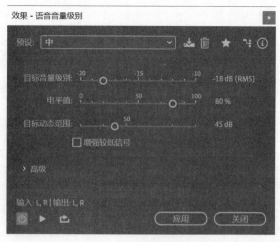

图 3-67　语音音量级别

9）动态处理

"动态处理"效果器用来改变输入音量与输出音量之间的关系，可以用作一种压缩器、限制器或扩展器。横轴表示输入音频音量，纵轴表示输出音频音量。当输入信号大幅增加而输出信号小幅增加时，这种改变称作压缩；当输入信号小幅增加而输出信号大幅增加时，这种改变称作扩展，如图3-68所示。系统包含多种预设效果，人声限幅、平滑人声等在语音处理中比较常用。作为压缩器和限制器时，此效果可减少动态范围，产生一致的音量。作为扩展器时，它通过减小低电平信号的电平来增加动态范围。

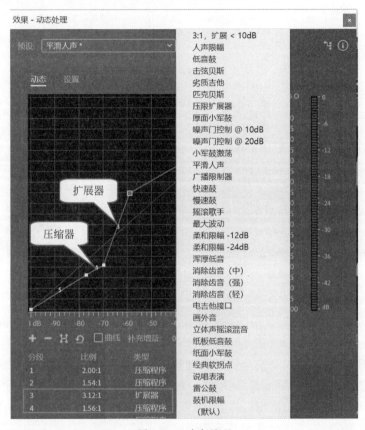

图 3-68　动态处理

2. 诊断

在声音录制阶段，因受到周围环境和硬件设备的影响，会出现各种各样的噪声和杂音，也可能由于个人原因出现爆音和嘶嘶声等。在 Audition 中，可以使用"诊断"效果组中的效果器来修正录音中出现的一些常见问题，使声音效果更加完美。

1）杂音降噪器

如果录制的声音中含有杂音和碎音，可以通过"诊断"→"杂音降噪器"对声音进行后期处理。杂音降噪器可以侦测并删除麦克风和其他音源的杂音与爆裂声。打开一段音频素材，选择"效果"→"诊断"→"杂音降噪器"命令，在弹出的诊断面板中单击"扫描"按钮，扫描音频中的杂音。根据检测提示，单击"全部修复"按钮，即可完成所有杂音问题的修复操作，如图3-69所示。

2) 爆音降噪器

"爆音降噪器"效果器用于修复声音中的失真部分,降低爆音音效,使声音听起来更加自然。选择"效果"→"诊断"→"爆音降噪器"命令,在弹出的诊断面板中单击"扫描"按钮,可扫描音频中的失真声音。根据检测提示,单击"全部修复"按钮即可完成修复爆音。

3) 删除静音

"删除静音"效果器能智能识别波形中的静音部分,并将其删除。相对于手动删除静音,高效且精确。打开一段音频素材,选择"效果"→"诊断"→"删除静音"命令,在弹出的诊断面板中单击"预设"右侧的下三角按钮,在弹出列表中选择"修剪短暂数字误差"选项,设置"预设"模式为"修剪短暂数字误差"后,单击"扫描"按钮。根据提示单击"全部删除"按钮即可把静音删除,如图 3-70 所示。

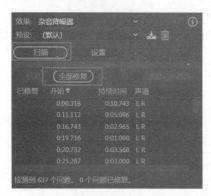

图 3-69　杂音降噪器

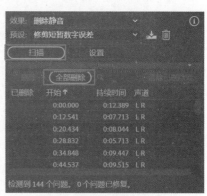

图 3-70　删除静音

3. 降噪/恢复效果

在 Audition 中,用户可以使用"降噪/恢复"的强大功能对声音进行后期降噪优化处理。"降噪/恢复"效果组几乎可以修正绝大部分的音频问题,主要包括"降噪(处理)""声音移除""降低嘶声(处理)""降噪""自适应降噪""自动咔嗒声移除""自动相位校正""消除嗡嗡声"等效果。用户需要注意两点:第一点,降噪是一种破坏性的操作,过度降噪会导致声音质量受损;第二点,降噪只能在一定范围内进行,并不能完全消除噪声。因此,在录音阶段应尽量选择良好的录音环境,不能完全依赖后期降噪来提高声音的质量。

1) 降噪(处理)

在音频处理中,采样降噪法、滤波降噪法和噪声门降噪法是比较常用的方法。其中,采样降噪法是比较高效的降噪方法。"降噪(处理)"效果器采用采样降噪法,其原理是首先采集单纯的噪声信号获得噪声样本,再通过分析噪声样本得到噪声特征,最后利用分析结果去删除或降低夹杂在声音中符合该噪声特征的信号,能够最大程度地消除噪声,但同时会影响声音中相同频率的数据,造成一定的失真。"降噪(处理)"效果器只能应用于单轨波形编辑器中,其降噪的具体方法如下。

(1) 放大声音波形,选取噪声区内波形最平稳且最长的一段噪声波形作为噪声样本。

(2) 选择"效果"→"降噪/恢复"→"捕捉噪声样本"命令采集噪声样本或选择"效果"→"降噪/恢复"→"降噪(处理)"命令,在对话框中单击"捕捉噪声样本"按钮将所选波形定义为噪声样本。

（3）选取需要进行降噪的波形,选择"效果"→"降噪/恢复"→"降噪（处理）"命令,在"效果-降噪"对话框中设置"降噪"和"降噪幅度"等参数,如图 3-71 所示,完成后单击"应用"按钮即可。

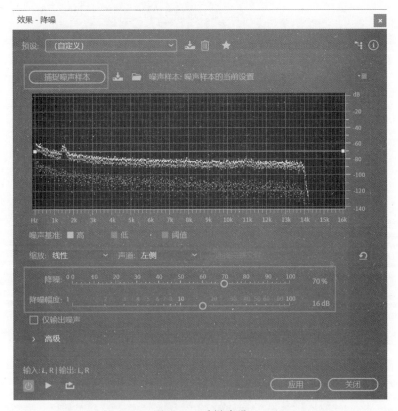

图 3-71　采样降噪

2）降噪

普通"降噪"效果器的操作比较简单,降噪效果显著。在对话框中,"处理焦点"包括"着重于全部频率""着重于较低频率""着重于中等频率""着重于更低和更高的频率""着重于更高的频率"5 个不同选项,如图 3-72 所示。"数量"是噪声减少的相对比例,数值越大降噪越明显,但同时也会造成声音失真。

3）消除嗡嗡声

"消除嗡嗡声"效果器可以减少常见的来自如照明、电子电源线和音响等设备的嗡嗡声,使音质听起来更加清晰干净。"频率"用于设置嗡嗡声的更新频率。"Q"用于设置频率的宽度,数值越高,影响的频率范围越窄;数值越低,影响的频率范围越宽。"增益"用于设置嗡嗡声衰减的总量;"谐波数"列表框用于指定影响多少谐波频率;"谐波频率"用于改变谐波频率的衰减比率。用户也可以选用"预设"中的选项,通过预览播放后进一步调整参数,如图 3-73 所示。

4. 时间与变调

在录音过程中,常会遇到唱歌走调、说话音调偏高或偏低的情况。这些声音问题可以通过"时间与变调"效果组中的命令进行修复,如图 3-74 所示。其中,比较常用的有"伸缩与变

151

第3章　Adobe Audition音频编辑

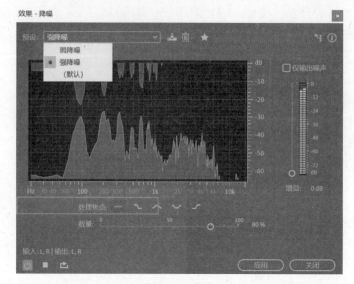

图 3-72　降噪

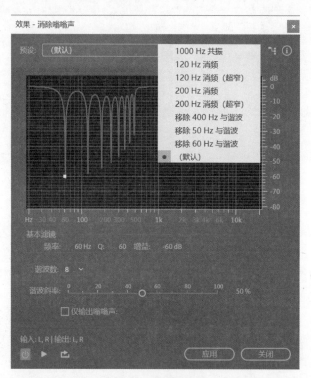

图 3-73　消除嗡嗡声

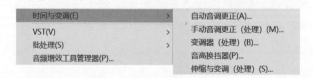

图 3-74　"时间与变调"效果组

调(处理)"和"变调器(处理)"效果器等。

1）伸缩与变调(处理)

"伸缩与变调(处理)"效果器能处理常见的速度与音调问题,能完成男女声音的相互转换,实现很多有趣的音频效果。"伸缩与变调(处理)"效果器只能应用于单轨波形编辑器中。

在选取要改变速度的波形后,选择"效果"→"时间与变调"→"伸缩与变调(处理)"命令,在对话框中,用户可以通过设置"持续时间"中的"新持续时间"或"伸缩与变调"中的"伸缩"百分比来调整声音的速度。在图 3-75 中,显示选取波形的"当前持续时间"为"3：00.000","新持续时间"为"1：30.000",则相应的"伸缩"值为 50％,即压缩为原始声音时间长度的50％,也意味着速度变为原来的 2 倍。

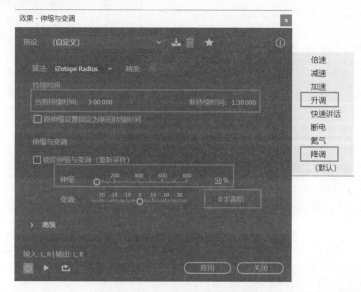

图 3-75　伸缩与变调(处理)

使用"伸缩与变调(处理)"效果器,还可以将男声变成女声,或者女声变成男声。一般男声比女声的音高要低一个 8 度音。女声变男声,降低"变调"的半音阶值;男声变女声,提升"变调"的半音阶值。用户也可在"预设"中选择"降调"或"升调",反复试听效果,若不满意,可进一步尝试调整音阶。

2）变调器(处理)

使用"变调器(处理)"效果器,可以随着时间的变化改变音调。在"变调器"对话框状态下,用户可使用波形包络的关键帧来调整曲线的形态,类似于"淡化包络"和"增益包络"的效果,如图 3-76 所示。

5. 延迟与回声

"延迟与回声"效果器用于营造声音的空间感和现场感,是增加环境气氛的一种常用方法。在 Audition 的"延迟与回声"效果组中,包括模拟延迟、延迟和回声三个效果器。

1）模拟延迟

"模拟延迟"效果器可以模拟老式硬件压缩器的声音温暖度,包括磁带、磁带/音频管和模拟三种类型模式,适用于扭曲特性和调整立体声扩展,如图 3-77 所示。在预设中,用户可以直接选用一些常见的效果,如峡谷回声、机器人声音等。

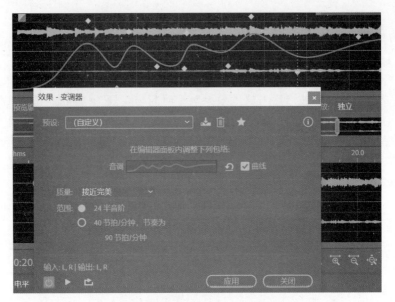

图 3-76　变调器(处理)

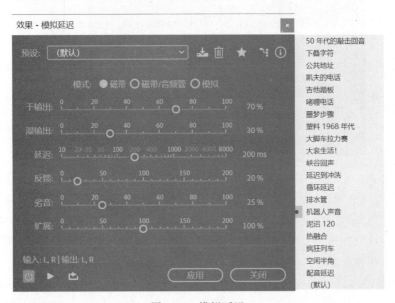

图 3-77　模拟延迟

2) 延迟

延迟是对原始信号的复制。"延迟时间单位"可以选择毫秒、节拍或采样为单位,常使用"毫秒"作为延迟时间的单位,如图 3-78 所示。当"延迟时间"为 35 毫秒或更长时间,可以产生不连续的回声。"延迟时间"为 15~34 毫秒,可以产生简单的和声或镶边效果,使声音听上去更有趣、更具变化性。"混合"是指混合到最终输出信号中的经过处理信号与原始信号的百分比,若值为 50%,则将平均混合两种信号。

3) 回声

回声是声音发出后,经过一定时间再返回被听到,在许多配音和影视作品中被广泛采用。使用"回声"效果器,可以添加一系列重复的衰减回声到声音中。

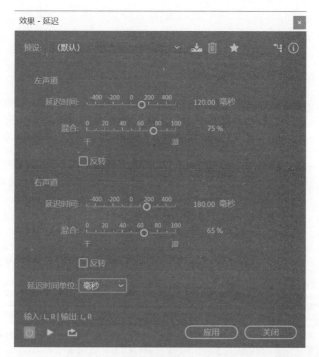

图 3-78　延迟

　　用户可以分别对左、右声道进行回声设置,也可以勾选"锁定左右声道"复选框,使每个声道保持相同的设置,如图 3-79 所示。与"延迟"效果器一样,常使用"毫秒"作为"延迟时间"的单位间隔。如果设置了 200ms 的延迟时间,则将在两个连续回声之间产生 0.2s 的延迟。由于回声与原始信号的时间间隔相对较长,人耳能清楚地分辨是原始信号还是回声信号。"反馈"值是确定回声的衰减比,即每个后续回声都比前一个回声按某个百分比减小。

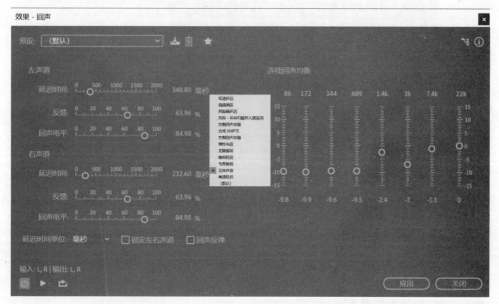

图 3-79　回声

若衰减值设置为 0%,则不会产生回声;若衰减值设置为 100%,则产生的回声音量不会变小。"回声电平"值是设置在最终输出中与原始信号混合的回声信号的百分比。"连续回声均衡"使每个连续回声通过八频段均衡器来模拟房间的自然声音吸收。在预设中,系统提供了一些常见的回声效果,供用户选用。

6. 混响

在室内,声源发出声音后,声音从墙壁、屋顶和地板反射到人耳中,由于这些反射声音几乎同时到达人耳,故能感受到具有空间感的声音环境,这种反射声音称为混响。在 Audition 中,可以使用"混响"效果组中的效果器模拟各种空间环境的反射,塑造空间感,包括卷积混响、完全混响、混响、室内混响和环绕声混响。灵活运用混响效果,能使声音听起来更加自然饱满,真实动听。这一部分将介绍三个比较常用的混响效果。

1) 卷积混响

"卷积混响"效果器可重现客厅、画廊、教室、演讲厅等各种封闭环境的立体空间效果,如图 3-80 所示。基于卷积的混响使用脉冲文件模拟声学空间,能栩栩如生地再现日常生活中难以得到的各种空间环境效果。例如,教师在普通房间录制慕课视频时,可以给自己录制的语音添加"演讲厅(阶梯教室)"脉冲效果润色,使声音更加饱满、动听。

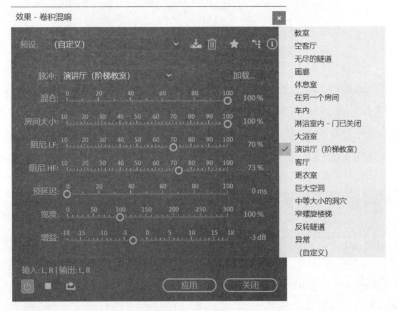

图 3-80　卷积混响

2) 完全混响

"完全混响"效果器提供了更多选项和更好的音频渲染,基于卷积的模拟声学空间,避免鸣响、金属声和其他失真声音,真实重现剧院、大会堂和音乐厅等各种环境空间效果,如图 3-81 所示。

3) 室内混响

"室内混响"效果器同样模拟声学空间,但不是基于卷积,相对于其他混响效果,处理速度更快,占用的处理器资源更少,如图 3-82 所示。

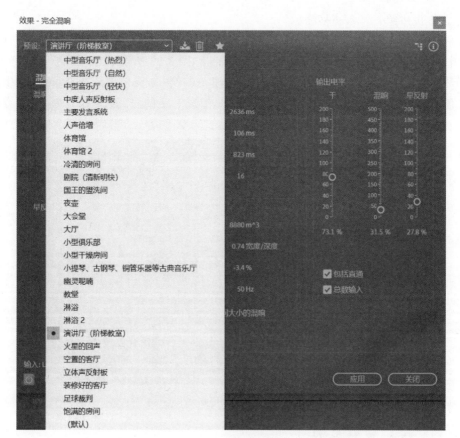

图 3-81　完全混响

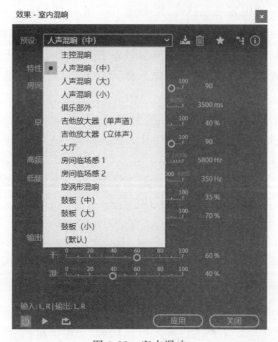

图 3-82　室内混响

7. 立体声声像——人声移除

在 Audition 中,可以使用"人声移除"的方法制作伴奏音乐。选择"效果"→"立体声声像"→"中置声道提取"命令,在对话框中进行设置,如图 3-83 所示。在"预设"下拉列表中选择"人声移除"选项;"提取"默认为"中心";"频率范围"根据需要进行选择,试听效果,人声几乎没有了,但同时部分乐器的声音也会被清除,造成一定的失真。

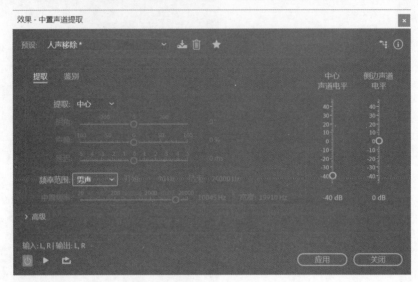

图 3-83　人声移除

3.3.3　音频效果器插件

除了使用 Audition 的内置效果器外,用户还可以购买或从网络下载一些外挂效果器来扩展软件的功能,这些外挂效果器也称为插件。比较流行的插件有德国 Steinberg 公司开发的 VST(Virtual Studio Technology)虚拟录音室技术插件,能用于当今大部分的专业音乐软件,是一种实时音频效果器技术。用户下载并安装好 VST 类插件后,在 Audition"效果"菜单的下方可以看到新增的命令,如图 3-84 所示。这些插件大部分为英文原版,使用方法与内置效果器基本相同。例如,要消除音频中的齿音,可以选择 VST → Waves → RDeEsser Stereo 命令来进行处理,在"效果-RDeEsser Stereo"对话框中进行设置即能消除齿音,如图 3-85 所示。

BBE Sound Sonic Sweet 是一款十分流行的声音激励效果器插件,包括四个激励器:"谐波激励器"(Harmonic Maximizer)、"响度激励器"(Loudness Maximizer)、"低音激励器"(Mach 3 Bass)和"高音激励器"(Sonic Maximizer),如图 3-86 所示。BBE Sound 不仅简单易用,而且效果出色,能帮助用户根据个人需要来控制音频的输出参数,调整频率、低音和响度等,从而改善音质和音色,提高声音的穿透力,增加声音的空间感,使声音更具表现力。

1. 谐波激励器

"谐波激励器"用于对声音中的谐波频率进行激励。在 Harmonic Maximizer 效果对话框中,INPUT 为输入电平,如图 3-87 所示;OUTPUT 为输出电平;LO TUNE 是低频谐波激励的频率点选择旋钮,LO MIX 是低频谐波激励的增益量,负责低频谐波激励;相应地,

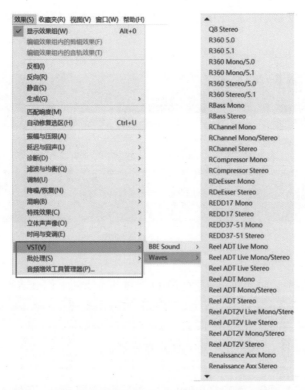

图 3-84　VST 插件

图 3-85　消除齿音

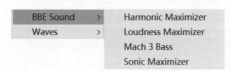

图 3-86　BBE Sound Sonic Sweet 插件命令

HI TUNE 是高频谐波激励的频率点选择旋钮,HI MIX 是高频谐波激励的增益量,负责高频谐波激励。

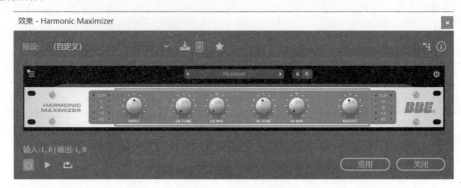

图 3-87　谐波激励器

2. 响度激励器

"响度激励器"用于对声音响度的激励。在 Loudness Maximizer 效果对话框中,INPUT 为输入电平,如图 3-88 所示;OUTPUT 为输出电平,调整该值可有效避免音频经过处理后出现的爆音情况;SENSITIVITY 用于提升声音的响度量;RELEASE 为释放时间,最大值为 500ms;ENHANCER 为立体声增强器。

图 3-88　响度激励器

3.3.4　综合实例

应用 Adobe Audition 制作一段男女对白的配乐朗诵或歌曲,一人同时扮演两个角色。要完成该实验任务,需做以下几方面的工作。

(1) 整理文稿,录制语音。

(2) 语音的振幅与压限处理、降噪处理、变调处理,添加混响等效果,加以润色。

(3) 多轨编辑混音。

(4) 保存、缩混输出。

实验步骤:

(1) 启动 Adobe Audition,选择"文件"→"新建"→"多轨会话"命令。在对话框中设置文件的参数: 44100Hz,16 位量化位数的立体声文件,如图 3-89 所示。

(2) 调试好耳机和麦克风。耳机作为监听器,用来听伴奏音乐。在系统的声音设置中,

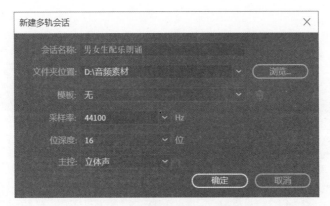

图 3-89　新建多轨会话文件

输入设备更改为 Microphone(麦克风),并调整好音量。

（3）单击 Audition 轨道 1 前的 R 按钮进入准备,然后单击红色"录音"按钮,开始录音;先不要出声,录制一段空白的噪声文件(10～20s 即可),然后开始朗诵或演唱;完成后,再次单击"录音"按钮结束录音,如图 3-90 所示。

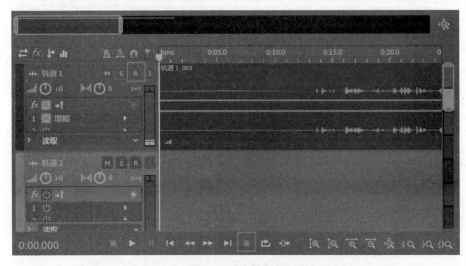

图 3-90　录制声音

（4）根据需要,可以使用"振幅与压限"效果组中的效果器调整音量。选取全部波形,如使用"消除齿音""标准化(处理)"或"动态处理"等。

（5）双击轨道 1,进入单轨波形编辑模式,选取开始录制的那段噪声波形作为噪声样本;选择"效果"→"降噪/恢复"→"捕捉噪声样本"命令采集噪声样本。

（6）选取整段波形,选择"效果"→"降噪/恢复"→"降噪(处理)"命令,在"效果-降噪"对话框中设置"降噪"和"降噪幅度"等参数,试听直到满意为止,如图 3-91 所示,完成后单击"确定"按钮。

（7）将部分波形变调处理。选取需要变调的波形后,选择"效果"→"时间与变调"→"伸缩与变调(处理)"命令,在对话框中进行调整。女声变男声,降低"变调"的半音阶值;男声变女声,提升"变调"的半音阶值。例如,在"预设"中选择"升调",如图 3-92 所示。

（8）添加混响效果,使声音更饱满。选择"效果"→"混响"→"完全混响"命令,在对话框

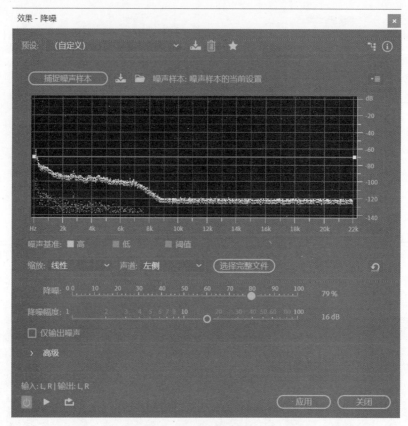

图 3-91　降噪处理

图 3-92　男女声变调

中进行设置,如图 3-93 所示。例如,在"预设"中,选择音乐厅或演讲厅等环境空间效果。

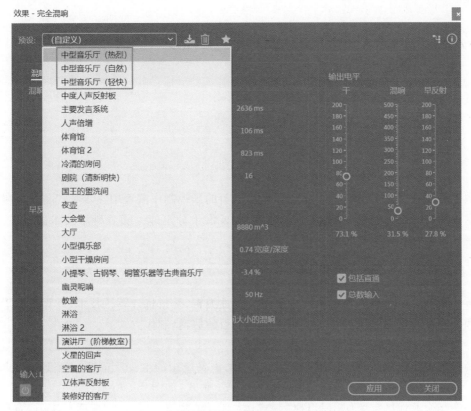

图 3-93　添加混响

（9）插入伴奏,多轨混音。单击"查看多轨编辑器"进入多轨编辑界面;选择"文件"→
"导入"→"文件"命令,将伴奏背景音乐导入"文件"面板,并将该文件置于轨道 2,如图 3-94
所示。

图 3-94　插入伴奏

（10）调试匹配两个音轨的音量,裁切剪辑,完成多轨混音,保存多轨会话文件.sesx。
选择"文件"→"导出"→"多轨混音"→"整个会话"命令,将文件保存为"男女生配乐朗诵
.wav"。

第4章 Adobe Premiere数字视频制作

4.1 Premiere 入门基础

数字视频技术从 20 世纪 80 年代开始在欧美的影视制作流程中逐步替代传统的模拟视频技术,国内的数字视频技术虽然起步较晚,但发展十分迅速。随着科学技术的日益成熟,数字视频已经在视频制作领域占据了主导地位。

微课视频

4.1.1 数字视频制作基础

数字视频的后期制作通常被称为数字非线性编辑,是指将计算机技术、计算机图形图像技术和大容量随机存取记录技术应用于视频节目的剪辑、制作方式。

1. 常见的视频制式

制式即传输电视信号所采用的标准,世界上主要使用的电视广播制式有 PAL、NTSC、SECAM 三种。在中国的大部分地区都使用 PAL 制式,如图 4-1 所示;北美地区、日本、韩国及一些东南亚地区主要使用 NTSC 制式;大部分独联体国家(如俄罗斯)、法国、埃及以及非洲的一些法语系国家主要使用 SECAM 制式。

NTSC 制简称为 N 制,是 1952 年 12 月由美国国家电视标准委员会(National Television System Committee,NTSC)制定的彩色电视广播标准,属于同时制,帧速率为每秒 29.97 帧,每帧 525 个扫描行,隔行扫描,最初画面比例为 4∶3,分辨率为 720×480,其特点是画面细腻,但色彩不太稳定。PAL 制又称帕尔制,英文全名为"Phase Alternating Line",意为"逐行倒相",是 1967 年由任职于德国 Telefunken 公司的 Walter Bruch 在综合 NTSC 制技术成就基础上研制出来的一种改进方案。PAL 制也属于同时制,帧速率为每秒 25 帧,每帧 625 个扫描行,隔行扫描,最初画面比例为 4∶3,分辨率为 720×576,其特点是对相位失真不敏感,故图像彩色误差小。SECAM 制又称塞康制,法文全名为"Séquential Couleur Avec Mémoire",意为"按顺序传送彩色与存储",1966 年由法国研制成功,属于同时顺序制,帧速率为每秒 25 帧,每帧 625 个扫描行,隔行扫描,最初画面比例为 4∶3,分辨率为 720×576,其特点是抗干扰性强、彩色效果好,但兼容性差。

2. 时基

时基也称为帧速率。帧是数字视频画面的最小单位,一帧即为一幅静态的画面。帧速率 fps(Frame Per Second)即帧/秒,指视频中每秒播放的帧数。例如,帧速率为 60fps 的影片意味着每秒由 60 帧画面组成。视频比较典型的帧速率范围是 24~30 帧/秒。

3. 视频分辨率

像素是构成图像的基本单位,分辨率是用于度量图像内数据量多少的一个参数,视频分

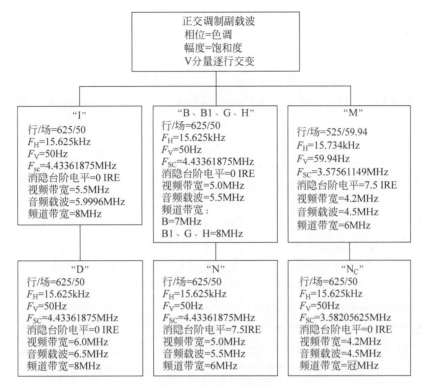

图 4-1 常见 PAL 制式

辨率是指视频单幅画面中横向和纵向有效像素的数量。例如,分辨率为 720×576,是指在横向上的有效像素量为 720、纵向上的有效像素量为 576,故分辨率越高,视频图像越清晰。常见的视频分辨率有 1280×720、1920×1080、4096×2160 等。

4. 像素长宽比

视频长宽比就是视频画面的长宽比,常见的视频长宽比为 4∶3 或 16∶9。像素长宽比指的是视频画面中每一像素点的长度和宽度的比例。计算机显示画面通常为正方形像素,宽高比为 1∶1,而电视机通常使用矩形像素来显示画面。例如,PAL 制的电视画面像素宽高比通常为 1.07 左右。像素纵横比在 DV-PAL 编辑模式下有标准 4∶3 和宽屏 16∶9 两种选择。随着高清晰电视技术的发展,现在的视频节目越来越多采用宽屏。从视觉感受上分析,16∶9 更接近黄金分割比,有利于提升视觉的愉悦度。

5. 场序

电子屏幕由一个一个点组成,扫描格式有两种:逐行扫描(无场)和隔行扫描。逐行扫描是每次刷新画面时刷新整个屏幕;而隔行扫描是奇数行刷新一次,偶数行刷新一次,交替进行。现今的液晶电视机都有 VGA 输入接口,具有逐行扫描的能力。但是,目前的信号源还有隔行扫描和逐行扫描之分,是为了兼容不能处理逐行扫描信号的老电视机。为保证视频合成的质量,采集的视频素材场序、项目序列的场序与输出视频文件的场序必须一致,否则画面会出现抖动的现象。

6. SMPTE 时间码

以"时∶分∶秒∶帧"(Hours∶Minutes∶Seconds∶Frames)来描述剪辑持续时间的 SMPTE (Society of Motion Picture and Television Engineers)是电影与电视工程师协会时间代码标

准。例如,一个剪辑持续的时间为 00:06:51:15,若节目的时基设定为 30fps,则表示它将播放 6 分 51.5 秒;若节目的时基设定为 25fps,则表示它将播放 6 分 51.6 秒。

7. 剪辑

剪辑是指将视频拍摄环节获得的大量素材,按照视听规律和影视语言的章法,进行选择、取舍和重新组合。以下是视频剪辑的几种基础方式。

(1) 粗编。根据视频内容需要和时长规定,将镜头大致串接在一起,完成基本的视频结构形态,是精编的基础。

(2) 精编。对已粗编的视频进行调整、修改和包装,从而达到发布的要求。

(3) 平剪。在连接镜头时,上一个镜头的画面和声音同时同位结束,下一个镜头的画面和声音同时同位进入。

(4) 串剪。上下镜头的画面声音不同时同位转换。

(5) 分剪。将一个镜头分剪成多段,并分别在多处使用,故也叫一剪多用。

(6) 分剪插接。是分剪的特殊表现,即将表现一定动作内容的两个镜头,分别按比例分割成两段以上,然后按一定叙事或情绪表达的需要顺序交替组接。

8. 数字视频制作的一般工作流程

数字视频的制作是一个由策划、剧本、拍摄、剪辑、后期、生成、存储、发布等多个环节构成的综合过程,一般可以分为前期和后期两个工作模块,也可以分为拍摄、编辑和发布三个主要步骤。后期的编辑工作大致可分为准备、剪辑和合成三个阶段。

(1) 准备阶段:修改脚本—熟悉素材—选择素材—确定风格基调—撰写编辑提纲。

(2) 剪辑阶段:选择素材—剪辑(粗编、精编)—检查声音画面。

(3) 合成阶段:配解说、加字幕、配音乐音效—合成导出视频文件。

4.1.2 Premiere Pro CC 2020 的工作界面

微课视频

Premiere Pro CC 是由 Adobe 公司开发的视频编辑软件,历经 CS4、CS5、CS6、CC 2014、CC 2015、CC 2017、CC 2018、CC 2019 以及 CC 2020 等历代产品的更新和改良,Adobe Premiere Pro 和 Creative Cloud 应用程序(如 Photoshop、After Effects 和 Audition)实现了强大的功能集成,能够完成视频编辑、动态图形、视觉效果、动画等制作。使用 Premiere Pro CC 可以进行视频剪辑、颜色分级、调整声音、制作特效或从其他 Adobe 应用导入图形和特效等操作,支持绝大多数的常用视频格式,是业界使用广泛的视频编辑软件。

1. Premiere Pro CC 对系统的要求

随着软件版本的更新和功能的日益强大,Premiere Pro CC 软件的文件大小与日俱增,对系统和硬件的要求也越来越高。下面以 Premiere Pro 2020 为例,分别介绍该软件对 Windows 系统(见表 4-1)和 macOS(见表 4-2)系统的不同要求。

表 4-1　Windows 系统要求

Windows 系统	最 小 规 范	推 荐 规 范
处理器	Intel®第 6 代或更新款的 CPU,或 AMD Ryzen™ 1000 系列或更新款的 CPU	Intel®7 代或更新款的 CPU,或 AMD Ryzen™ 3000 系列或更新款的 CPU
操作系统	Microsoft Windows 10(64 位)版本 1803 或更高版本	Microsoft Windows 10(64 位)版本 1809 或更高版本

Windows 系统	最 小 规 范	推 荐 规 范
RAM	8GB RAM	16GB RAM,用于 HD 媒体 32GB RAM,用于 4K 媒体或更高分辨率
GPU	2GB GPU VRAM	4GB GPU VRAM
硬盘空间	8GB 可用硬盘空间用于安装;安装期间所需的额外可用空间(不能安装在可移动闪存存储器上); 用于媒体的额外高速驱动器	用于应用程序安装和缓存的快速内部 SSD; 用于媒体的额外高速驱动器
显示器分辨率	1280×800	1920×1080 或更大
声卡	与 ASIO 兼容或 Microsoft Windows Driver Model	与 ASIO 兼容或 Microsoft Windows Driver Model
网络存储连接	1GB 以太网(仅 HD)	10GB 以太网,用于 4K 共享网络工作流程
Internet	必须具备 Internet 连接并完成注册,才能激活软件、验证订阅和访问在线服务	

表 4-2 macOS 系统要求

macOS 系统	最 小 规 范	推 荐 规 范
处理器	Intel®第 6 代或更新款的 CPU	Intel®第 6 代或更新款的 CPU
操作系统	macOS v10.14 或更高版本	macOS v10.14 或更高版本
RAM	8GB RAM	16GB RAM,用于 HD 媒体 32GB RAM,用于 4K 媒体或更高分辨率
GPU	2GB GPU VRAM	4GB GPU VRAM
硬盘空间	8GB 可用硬盘空间用于安装;安装过程中需要额外可用空间(无法安装在使用区分大小写的文件系统的卷上或可移动闪存设备上); 用于媒体的额外高速驱动器	用于应用程序安装和缓存的快速内部 SSD; 用于媒体的额外高速驱动器
显示器分辨率	1280×800	1920×1080 或更大
网络存储连接	1GB 以太网(仅 HD)	10GB 以太网,用于 4K 共享网络工作流程
Internet	必须具备 Internet 连接并完成注册,才能激活软件、验证订阅和访问在线服务	

2. 启动 Premiere Pro 软件

双击桌面上的 Premiere 软件快捷方式图标或通过"开始"→"所有程序"选项都可以启动 Premiere 软件,如图 4-2 所示。

单击欢迎界面中的"新建项目"按钮,弹出"新建项目"对话框,如图 4-3 所示。选择合适的视频格式和音频格式,确定项目的名称及存放位置,单击"确定"按钮即可打开 Premiere 软件的工作界面。

3. 认识 Premiere Pro 工作界面

Premiere Pro 软件的窗口面板较多,用户可以根据自己的操作偏好来设置不同模式的工作界面。软件自带 10 种工作区模式,包括编辑、所有面板、元数据记录、学习、效果、图形、库、组件、音频、颜色等。不同模式下的工作区都有着独特的面板布局,以方便不同的工作需求。单击节目监视器面板上方的按钮即可选择不同的工作区模式,如图 4-4 所示。

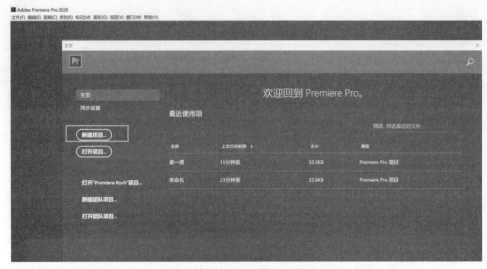

图 4-2 Premiere 软件启动界面

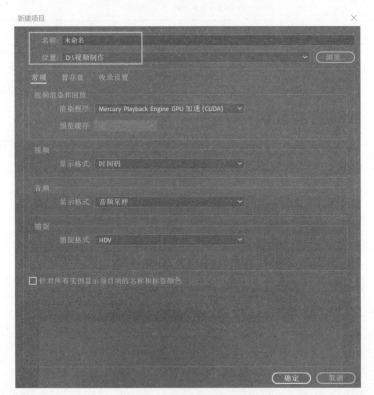

图 4-3 "新建项目"对话框

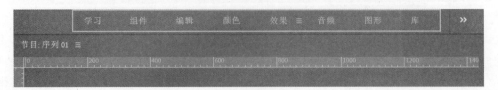

图 4-4 工作区模式按钮

在菜单栏中执行"窗口"→"工作区"命令,也可以对各种模式的工作区进行选择和设置,如图 4-5 所示。在"所有面板"工作区模式下,几乎所有的面板都折叠罗列在整个工作界面的右边,方便随时调用;在"编辑"工作区模式下,监视器面板和时间轴面板为主要工作区域,效果控件面板和音频剪辑混合器与源监视器面板集成面板组,很适合视频剪辑工作的操作需要。在实际应用中,用户可根据个人设计需要选择合适的工作区布局模式。其中,执行"重置为保存的布局"命令,可以复位默认的工作区布局。

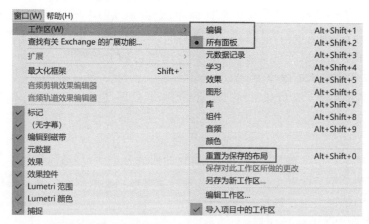

图 4-5 "工作区"菜单

Premiere Pro 软件的工作界面主要由标题栏、菜单栏、源监视器面板、节目监视器面板、项目面板、工具面板、时间轴面板和音频仪表面板等多个控制面板组成,如图 4-6 所示。

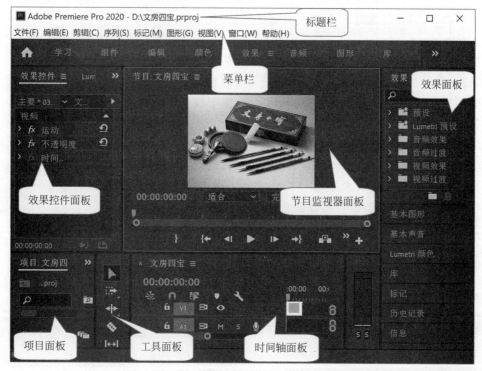

图 4-6 Premiere Pro 工作界面

170

(1) 标题栏：显示程序名称、软件版本、文件路径和文件名称。

(2) 菜单栏：包括文件、编辑、剪辑、序列、标记、图形、视图、窗口和帮助 9 个主菜单，Premiere Pro 的大部分功能都能通过执行菜单栏中的命令来实现。

- "文件"菜单主要用于对项目文件进行操作，包含新建、打开、保存、导入和导出等命令。
- "编辑"菜单主要用于一些常规的编辑操作，包括撤销、重做、剪切、复制、粘贴和清除等命令。
- "剪辑"菜单用于实现对素材的具体操作，剪辑影片的大多数命令都位于该菜单中，包括重命名、速度/持续时间和嵌套等命令。
- "序列"菜单主要用于对当前项目中的序列进行编辑和处理，包含序列设置、渲染音频、添加和删除轨道等命令。
- "标记"菜单用于对素材和序列的标记进行编辑处理，包含标记入点、标记出点等命令。
- "图形"菜单用于新建文本、几何图形图层，也可将计算机中的图形文件添加到视频轨道中。
- "视图"菜单用于设置"节目监视器"面板的回放分辨率，显示标尺和参考线等操作。
- "窗口"菜单用于设置工作区的模式，对各编辑窗口和面板进行管理操作。
- "帮助"菜单可为用户提供在线帮助。

(3) Premiere Pro 的窗口面板。

Premiere Pro 软件的工作界面由若干个不同的窗口面板组成，每个面板都是独立的，具有不同的功能。各面板在工作界面中的位置可随意拖动、放置，在菜单栏中执行"窗口"命令，可以勾选打开任意一个或多个面板窗口，如图 4-7 所示。

项目面板：用于显示、组织和管理素材，罗列所含素材的名称、类型和时间长度等信息，面板底部区域包含多个工具按钮，可以实现新建素材箱、查找、切换视图模式等操作，如图 4-8 所示。

时间轴面板：Premiere 工作界面中最重要的面板之一，提供了视频轨道和音频轨道，是装配序列、编辑视频和音频素材的主要场所，日常大部分视频编辑工作，包括添加字幕、添加特效等都在时间轴面板内完成，如图 4-9 所示。

工具面板：通常位于项目面板和时间轴面板中间，提供了多种剪辑工具。剪辑工具被选中激活后可直接在时间轴面板中使用，将光标置于相应工具上即可查看其名称和对应的键盘快捷键，如图 4-10 所示，默认处于"选择"工具状态。

效果控件面板：相当于属性面板，当选定时间轴上的一个剪辑后，可以在该面板中设置剪辑的属性和参数，还可以添加关键帧，制作关键帧动画，如图 4-11 所示。

图 4-7　"窗口"菜单

图 4-8　项目面板

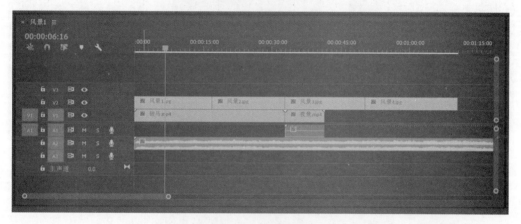

图 4-9　时间轴面板

图 4-10　工具面板　　　　　　　　　　图 4-11　效果控件面板

信息面板：用于显示所选剪辑素材的相关信息，包括素材的类型、帧速率、视频画面大小、持续时间长度以及素材在序列中的位置等信息，如图 4-12 所示。

历史记录面板：记录编辑操作中执行的命令，用户可删除指定的命令来还原之前的编辑操作，如图 4-13 所示。

（4）剪辑工具。

位于时间轴面板和项目面板中间的工具面板，提供了多种用于视频剪辑的工具，灵活使用各工具，能够大大提高视频剪辑的效率，如图 4-14 所示。

图 4-12 信息面板   图 4-13 历史记录面板   图 4-14 剪辑工具

- "选择工具" ▶：用于选择用户界面中的剪辑、菜单项和其他对象的最常用工具。通常在其他工具使用完毕后，重新选择该工具。
- "轨道选择工具" ▦：可选中序列中位于光标右侧的所有剪辑。
- "波纹编辑工具" ◆▶：可修剪"时间轴"上剪辑的入点或出点，关闭由编辑导致的间隙。
- "滚动编辑工具" ◆▶：可在两个剪辑之间修剪一个剪辑的入点和另一个剪辑的出点，并保持两个剪辑的组合持续时间不变。
- "比率拉伸工具" ◆：比率拉伸工具可改变速度和持续时间，但不改变剪辑的入点和出点。可通过加速"时间轴"内某剪辑的回放速度缩短该剪辑，或通过减慢回放速度延长该剪辑。
- "剃刀工具" ◆：可对"时间轴"内的剪辑进行一次或多次切割操作。单击剪辑内的某一点，该剪辑即在该位置被精确拆分。
- "外滑工具" ⬌：可同时更改"时间轴"内某剪辑的入点和出点，并保持入点和出点之间的时间间隔不变。
- "内滑工具" ▦：可将"时间轴"内的某个剪辑向左或向右移动，同时修剪其周围的两个剪辑。三个剪辑的组合持续时间和该组在"时间轴"内的位置都保持不变。
- "钢笔工具" ✎：可用来设置、选择关键帧或调整"时间轴"内的连接线。
- "手形工具" ✋：可向左或向右移动"时间轴"的查看区域。

- "缩放工具" ：用来放大或缩小"时间轴"的查看区域。
- "文字工具" T：可在节目监视器窗口中直接单击输入文本文字，或拖曳绘制出一个字幕区域，再输入排版文字。

4.1.3 Premiere 基础操作

使用 Premiere Pro 进行数字视频制作，需对软件的基础操作有所了解，才能更好地应用软件的各种功能。

1. 新建项目

使用 Premiere Pro 软件的第一步是新建项目文件，项目文件也称为工程文件.prproj，需将视频制作中用到的视频、音频、图片、字幕等素材导入到项目文件中。启动软件后，弹出"欢迎"界面，单击"新建项目"按钮，打开"新建项目"对话框，在"新建项目"对话框中设置项目的名称和存储位置，如图 4-15 所示。在"常规"选项卡中可对视频渲染程序、视频显示格式、音频显示格式和视频捕捉格式进行设置。在"暂存盘"选项卡中可对捕捉的视频、音频以及视频、音频预览的存储路径进行设置。一般情况下，建议选择"与项目相同"。

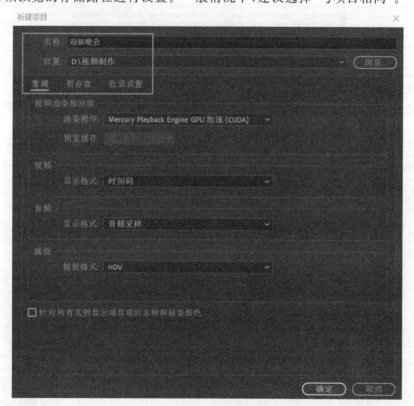

图 4-15 新建项目

2. 新建序列

新建完项目，再新建序列。序列是项目的一部分，是一组独立的编辑单元，音频和视频的编辑都在序列中进行。序列可看作一个大剪辑，存放在项目面板中，与普通素材一样可以被调用。在项目中可选择"文件"→"新建"→"序列"命令或单击项目面板底部的"新建项"→"序列"命令新建序列，分别如图 4-16 和图 4-17 所示。

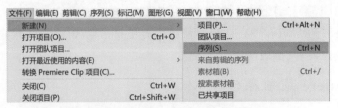

图 4-16 "文件"菜单新建序列

图 4-17 "项目"面板新建序列

在新建序列时,用户应根据视频制作的需要选择符合标准的序列参数。在"序列预设"选项卡中提供了常用的序列预设配置,应用更加快捷,如图 4-18 所示。例如,HDV 是 High

图 4-18 "新建序列"对话框

Definition Video(高清视频)的缩写,位于该组中的 HDV 1080p25,表示"编辑模式"为 HDV 1080p;"时基"为 25.00fps;"场"格式为"逐行扫描",其中,"p"意为逐行扫描(Progressive Scanning)。再如 HDV 1080i25(50i),"i"意为隔行扫描(Interlaced Scanning),是一种高清晰度电视信号格式。理论上,逐行扫描比隔行扫描的画质更加平滑清晰。

另外,用户还可以通过"设置"选项卡自定义序列的编辑模式、时基、帧大小、像素长度比、场和音频采样率等各项参数,根据实际需要灵活配置视频节目的参数,如图 4-19 所示。

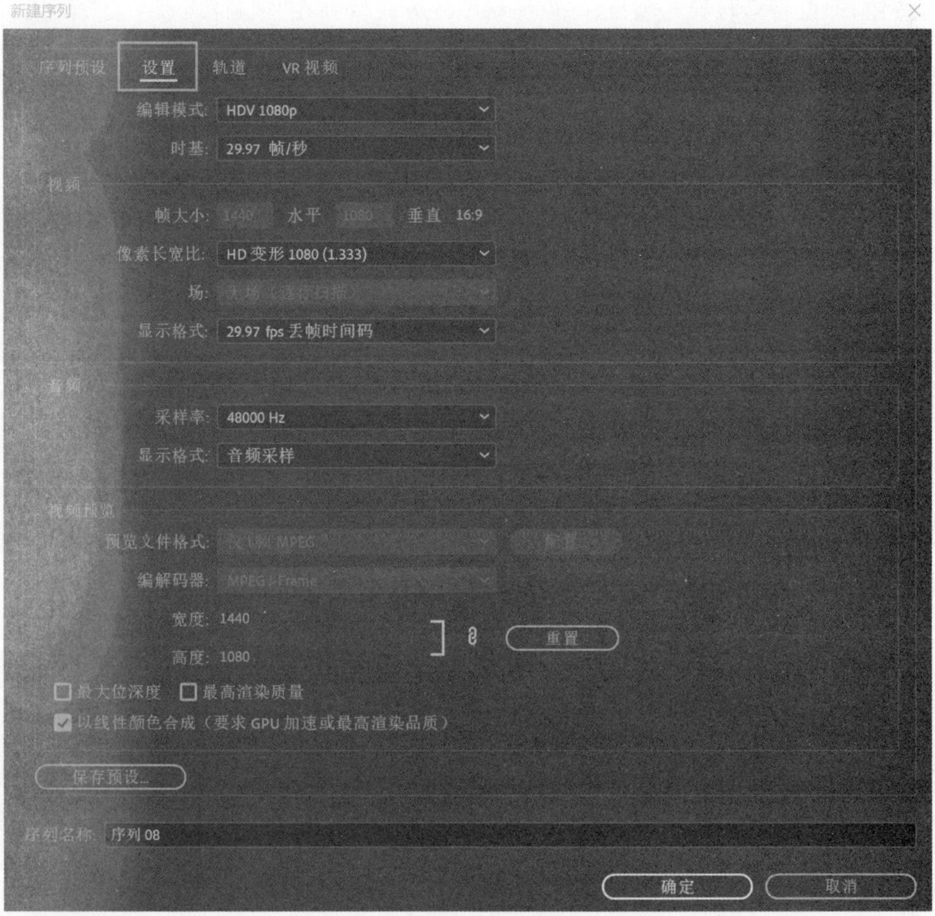

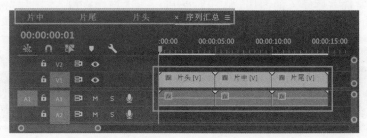

图 4-19　自定义设置序列

当新建一个序列后,时间轴窗口随之新建该序列的选项卡,其中分布着视频和音频轨道。在一个项目文件中可以新建多个序列,如图 4-20 所示。为完成复杂的工程或多个片

图 4-20　时间轴面板中的序列选项卡

段,用户通常需新建多个序列分别进行编辑,即将各组镜头分别制作在一个独立的序列中,最后把这些序列嵌套串联起来,整合到一个汇总序列中,合成一个完整的视频节目。

3. 素材的导入与编辑

制作视频用到的图像、视频、音频和字幕等素材,需要先导入项目后才能进行编辑。为妥善管理各类素材,建议用户在"项目"面板中新建文件夹分门别类管理素材。执行"文件"→"导入"命令或在"项目"面板空白处双击可打开"导入"对话框,选择需要导入的文件,单击"打开"按钮,即可将素材导入项目,并以缩略图的方式罗列在"项目"面板中。

1) 图像文件

Premiere 支持的图像格式十分丰富,常见的图像格式有 jpg、psd、png、pcx、tga 和 gif 等。在导入大量静止图像文件前,用户可根据实际需要预先设置静止图像的默认时间长度,软件默认的持续时间为 5s。选择"编辑"→"首选项"→"时间轴",如在对话框中设置"静止图像默认持续时间"为 4.00 秒,如图 4-21 所示,则当再导入大量静止图像时,图像的持续时间自动更改为 4 秒。最后,将包含大量图像的文件夹拖入视频轨道,文件夹中的图像按文件名顺序依次显示在视频轨道中,可以大大提高编辑的效率。

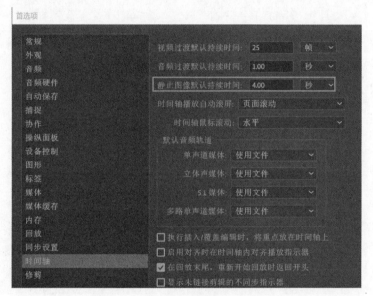

图 4-21 设置静止图像默认持续时间

Premiere 和 Photoshop 同出一门,psd 格式的图像文件可以直接被应用。在"导入为"下拉框中,包含"合并所有图层""合并的图层""各个图层""序列"四个选项。选择"各个图层",用户可以勾选需要导入的图层,如图 4-22 所示。选择"合并所有图层"选项时,各图层

图 4-22 分层导入 psd 格式图像

为灰色,不可选用,即合并所有图层后再导入。除了制作 psd 分层素材外,用户也可以将透明背景的素材直接存储为 png 格式后再导入使用。

对于 gif 格式的动态图像,导入后一般需要调整剪辑的时间长度与速度。如果要缩短动画的持续时间长度,可以使用"剃刀工具" 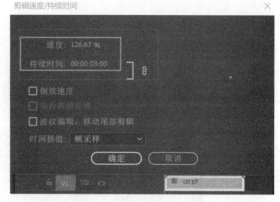 进行剪辑,也可以在视频轨道剪辑的快捷菜单中选择"速度/持续时间"命令,将动画时间缩短,则相应速度变快,如图 4-23 所示。如果要增加

图 4-23 设置 gif 动态图像的速度与持续时间

动画的持续时间长度,可在视频轨道中复制多个剪辑连接起来,同样可以在视频轨道剪辑的快捷菜单中选择"速度/持续时间"命令,将动画时间增加,则相应速度变慢。

当导入序列图像素材时,注意勾选"图像序列"复选框,如图 4-24 所示。

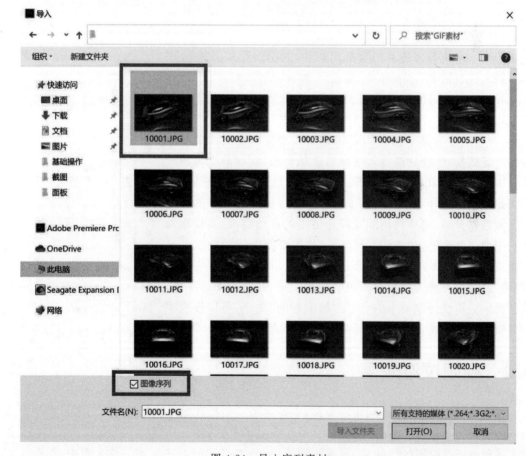

图 4-24 导入序列素材

选择 10001.JPG 素材文件,勾选下方的"图像序列"复选框,单击"打开"按钮,该序列所有图片将被合并为一个序列图片导入到软件里,在项目面板中显示为一个缩略图,缩略图右

下方会显示该序列动图的总时长,如图 4-25 所示。

图 4-25　序列图片合并为一个素材

2) 音视频文件

Premiere 支持多种音视频格式文件,常用的音频文件包括 mp3、wav 和 wma 等,常用的视频文件包括 avi、mpeg、mp4、mov 和 wmv 等。

导入音频文件并拖入音频轨道后,一般需要对声音文件进行裁切等操作,保证声音与画面同步。将视频素材拖入视频轨道后,音频轨道会显示相应的音频数据。为使影视文件具有更好的声音效果,常在后期重新配音或添加音乐,此时需先将视频素材中的音频和视频数据分离:选中视频轨道中的视频剪辑,在快捷菜单中选择"取消链接"命令,即可将视频文件中的视频和音频数据分离,再单独清除音频轨道中的音频剪辑,实现删除视频中的声音数据,如图 4-26 所示。如果要组合视频轨道和音频轨道的剪辑:将音、视频剪辑一起选中后,在快捷菜单中选择"链接"命令即可将音视频剪辑组合起来。与 gif 动态图像一样,执行视频剪辑快捷菜单中的"速度/持续时间"命令,可以设置视频剪辑的播放速度,以达到快镜头或慢镜头的效果。

图 4-26　取消链接音视频数据

微课视频

4.2　视频过渡效果

视频过渡效果,又称视频转场效果,主要利用一些特殊效果,在素材镜头之间产生自然流畅的转场过渡效果,避免让观众产生过于突然的感觉,使画面更富有表现力。Premiere 提供了多种典型的视频过渡效果,根据不同类型,系统将其归类在不同文件夹组中,如图 4-27 所示。

1. 添加和删除视频过渡

视频过渡效果一般应用于同一视频轨道的两段剪辑之间,当然也可应用于不同轨道相交错的两段剪辑之间或一段剪辑的始末两端，避免让观众产生过于突然的感觉，使镜头间的转场更加自然流畅。

在“效果”面板中，选中需要使用的视频过渡，分别将其拖曳到视频轨道的两段剪辑之间、第一段剪辑的开始和第二段剪辑的结尾，如图 4-28 所示。在实际应用中，比较常用的视频过渡效果包括交叉叠化、黑场过渡、胶片溶解和附加叠化等，位于溶解组中的过渡效果相对比较自然。

如果要删除已经添加的视频过渡效果，可在时间轴的视频轨道中选中该过渡效果，直接按 Delete 键即可删除该效果。

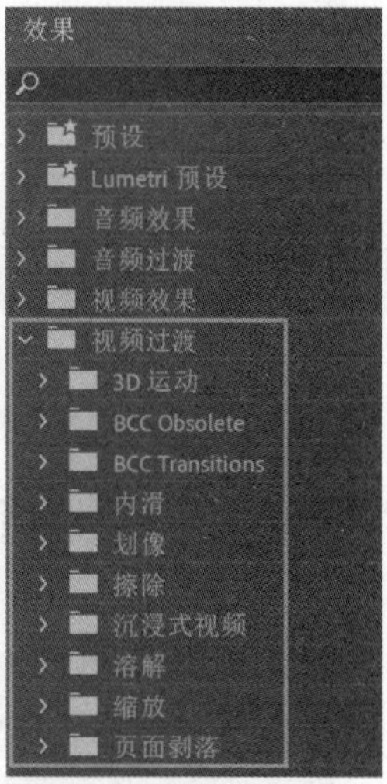

图 4-27　视频过渡

2. 设置视频过渡的属性

添加视频过渡后，在“效果控制”面板中更改设置过渡的属性参数，包括过渡的持续时间和切点的对齐，如图 4-29 所示。视频过渡的默认持续时间为 1s，用户可根据节目的设计需要调整过渡的持续时间。最简单的方法是选中视频轨道中的过渡后，拖曳切换的边缘。切点的对齐方式有中心切入、起点切入、终点切入和自定义起点四种，默认为“中心切入”，是比较常用的一种对齐方式。

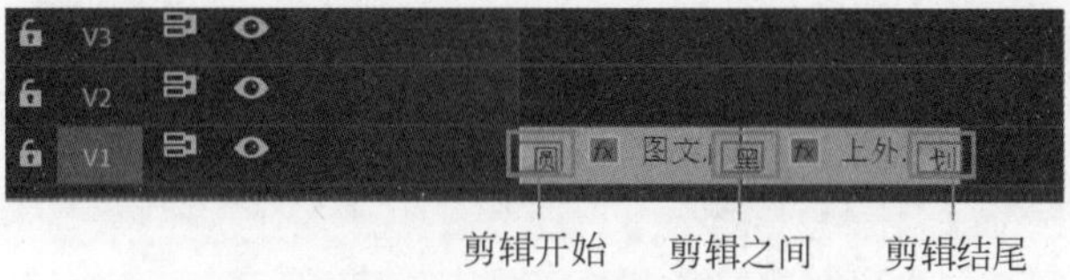

图 4-28　添加视频过渡

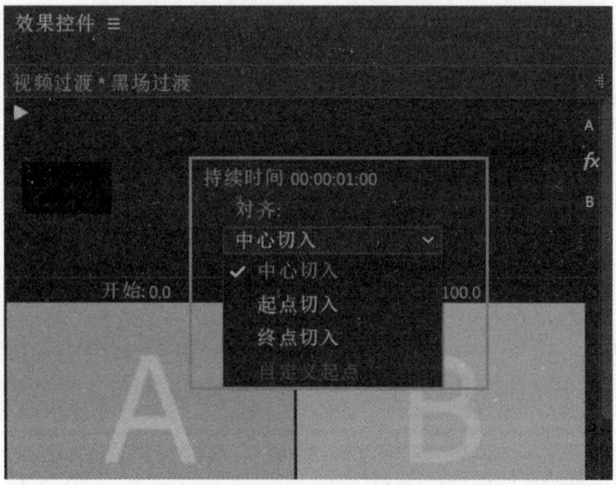

图 4-29　设置过渡的属性参数

- 中心切入：在两段剪辑之间加入过渡。
- 起点切入：以第二个剪辑的入点位置为准加入过渡。
- 终点切入：以第一个剪辑的出点位置为准加入过渡。
- 自定义起点：使用选择工具直接拖动视频轨道中的过渡，即可调整过渡的开始位置，同时“效果控制”面板中的“对齐”显示为“自定义起点”。

在一个节目中，如果要统一视频过渡的持续时间，可单击“编辑”→“首选项”→“时间轴",先在对话框中设置"视频过渡默认持续时间"的参数值,如图 4-30 所示。然后再添加应用视频过渡,即可统一节目的视频过渡持续时间。

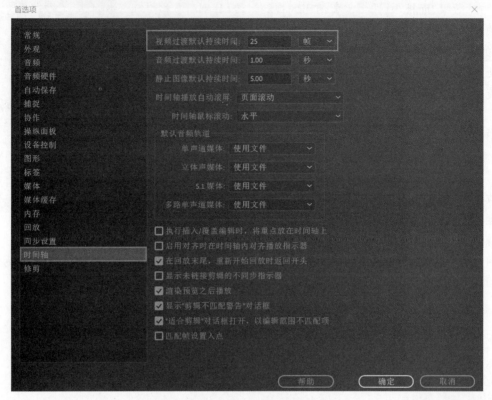

图 4-30　设置视频过渡默认持续时间

Premiere 的视频过渡效果十分丰富,基本操作大同小异。在实际应用中,用户应根据节目的主题和受众,选用合适的视频过渡效果,使画面更富有表现力,制作出绚丽多彩的影视作品。

4.3　视频效果

视频效果,又称影视后期特效,用于对视频剪辑进行修饰、优化和增添各种特殊效果。Premiere 提供了丰富的视频效果,如图 4-31 所示。

用户还可根据设计需要自行安装插件,使 Premiere 的功能变得更加强大。现今,比较流行的插件有 BCC 视觉特效插件包 Boris Continuum Complete、红巨星粒子套装 Red Giant Trapcode Suite、蓝宝石特效插件系列等。

4.3.1　添加和删除视频效果

微课视频

在"效果"面板中,选中需要使用的视频效果,将其拖曳到视频轨道的剪辑上,或选中剪辑后,在"效果"面板中直接双击该视频效果,即可将视

图 4-31　视频效果

频效果应用于该剪辑。如果不清楚视频效果位于哪个组中,可通过输入关键字进行搜索。

对于不需要显示的视频效果,可在"效果控件"面板中将其隐藏或直接删除。在时间线窗口中,选中一个已添加视频效果的剪辑。如果是隐藏视频效果,单击"效果控件"面板中视频效果名称左侧的切换效果开关按钮 fx,暂时关闭该效果,再单击 fx 按钮又可开启效果。如果是删除视频效果,选中"效果控件"面板中待删除的视频效果项,直接按 Delete 键即可删除该视频效果。用户也可单击"效果控件"面板右侧的 ☰ 图标,在下拉菜单中选择"移除所选效果"或"移除全部效果"命令删除视频效果。

添加视频效果后,可根据设计需要设置视频效果的参数。选中视频轨道中已添加视频效果的剪辑,"效果控件"面板中即显示该剪辑已应用的视频效果。在"效果"面板中,选择"颜色校正"组中的"更改颜色"视频效果,拖曳到视频轨道的剪辑上,在"效果控件"面板中即显示该效果的相关参数,如图 4-32 所示。

图 4-32 "更改颜色"视频效果

通过调整相应的参数,可以改变画面的颜色。将"更改颜色"设为♯669E2A,"色相变换"设为-110,"匹配容差"设为 22.0%,画面中的绿植部分色彩即刻被改变了,如图 4-33 所示。

图 4-33 设置"更改颜色"视频效果参数

第4章 Adobe Premiere数字视频制作 ◀◀

同时,为更好地展现某个特效,还可以制作视频效果的关键帧动画,这部分内容将在4.4节详细介绍。

4.3.2 常用视频效果介绍

微课视频

通过使用视频效果,可以使视频画面更加丰富和生动。视频效果的类型很多,本节将分类介绍几组典型的视频效果。

1. 变换类视频效果

变换类视频效果主要通过对图像的位置、方向和距离等参数进行调整,从而制作出画面视角变化的效果,包括垂直翻转、水平翻转、羽化边缘、自动重新构图和裁剪5种效果。

1)垂直翻转

垂直翻转视频效果将画面沿垂直方向即上下翻转180°,如同水中倒影的效果。

2)水平翻转

水平翻转视频效果将画面沿水平方向即左右翻转180°,如同镜面的反向效果。

3)裁剪

裁剪视频效果用于修剪图像边缘的像素,修剪时按百分比值进行,还可设置裁剪后的"羽化边缘"像素,柔化图像边缘,如图4-34所示。

图4-34 "裁剪"视频效果

4)羽化边缘

羽化边缘视频效果用于羽化图像的四个边缘,产生柔和的边缘效果,羽化的最大"数量"为100px,如图4-35所示。

图4-35 "羽化边缘"视频效果

2. 图像控制类视频效果

图像控制类视频效果主要通过各种方法对图像中的特定颜色像素进行处理,从而制作出特殊的视觉效果,包括灰度系数校正、颜色平衡(RGB)、颜色替换、颜色过滤和黑白 5 种效果,如图 4-36 所示。

图 4-36 图像控制类
视频效果

1)灰度系数校正

灰度系数校正视频效果用于校正图像的灰度系数。"灰度系数"越大,则黑色和白色的差别越小,对比度越小,照片呈现一片灰色;"灰度系数"越小,则黑色和白色的差别越大,对比度越大,照片亮部和暗部呈现出强烈的对比。

2)颜色平衡

颜色平衡(RGB)视频效果利用滑块来调整红色、绿色和蓝色的分配比例,可使某一颜色偏重以调整其明暗程度,如图 4-37 所示。

图 4-37 "颜色平衡(RGB)"视频效果

3)颜色替换

颜色替换视频效果使用某一种颜色以涂色的方式来改变画面中的临近颜色,可以变换局部的色彩。使用吸管吸取图像画面中要被替换的"目标颜色",再选择要使用的"替换颜色",监视画面适当调整"相似性"即可,如图 4-38 所示,改变了图像中绿色植物的色彩。用户还可应用关键帧动画,制作出色彩级别变化的换景效果。

图 4-38 "颜色替换"视频效果

4)颜色过滤

颜色过滤视频效果可以让图像画面的某一颜色独立展示出来,也可以让某一颜色独立变成灰色。如果要独立展示左边图像的绿色部分,先用吸管吸取绿色,再适当调整"相似性"参数值,如图 4-39 所示。如果要使图像中的绿色部分独立变为灰色,只需勾选"反相"选项。

5)黑白

黑白视频效果可将电影片断的彩色画面转换成灰度级的黑白图像,该视频特效没有属性参数。

图 4-39 "颜色过滤"视频效果

3. 颜色校正类视频效果

色彩是视频编辑中十分重要的元素,画面的色彩,往往会给观众留下第一印象,也是表达和抒发情感的一种方式。在拍摄和采集素材的过程中,常会遇到一些不可控的环境和光照因素,使拍摄出来的素材色彩感欠佳,层次不明。这就需要对素材的颜色进行后期优化和校正。

色相(Hue)、亮度(Lightness)和饱和度(Saturation)是色彩的三个基本属性。色相指颜色的相貌,用于区别色彩的种类和名称。亮度指色彩的明暗程度,几乎所有的颜色都具有亮度属性。饱和度指色彩的鲜艳程度。实际上,色彩是通过光线刺激眼睛而产生的一种视觉效果。因此,光线是影响色彩明亮度和鲜艳度的重要因素。在 Premiere 视频效果的"颜色校正"组中,包含如图 4-40 所示的视频效果,用于对图像画面的颜色进行校正处理,包括 Lumetri 颜色、亮度与对比度、保留颜色、更改颜色、均衡、色彩、颜色平衡、颜色平衡(HLS)等十多种效果。

图 4-40 颜色校正类
视频效果

1) 颜色平衡(HLS)

HLS 分别是色相(Hue)、亮度(Lightness)和饱和度(Saturation)色彩三要素的简称。颜色平衡(HLS)通过调整色相、亮度和饱和度这三个要素来达到平衡画面的颜色,如图 4-41 所示,树叶由黄色变为绿色。

图 4-41 "颜色平衡(HLS)"视频效果

2) 颜色平衡

颜色平衡视频效果可对红、绿、蓝三个通道中的阴影、中间调和高光部分分别进行调色,操作简便,效果直观,如图 4-42 所示。

3) 均衡

均衡视频效果用于对视频画面的颜色进行自动均衡处理,以便产生一致的亮度或颜色分量分布。"均衡"包括 Photoshop 样式、RGB 和亮度 3 种颜色模式。"均衡量"用于调整均衡的强度,最高为 100%,最低为 0%即没有均衡。

图 4-42 "颜色平衡"视频效果

图 4-43 "均衡"视频效果

4)更改颜色

更改颜色视频效果通过指定一种颜色后,用另一种新的颜色来替换用户指定的邻近颜色,实现局部颜色更改的效果。选择"要更改的颜色"中的吸管吸取图像中的绿色,调整"色相变换"参数为−180.0,"匹配容差"为 20.0%,即可将风车绿色部分的颜色更改为紫色,如图 4-44 所示。

图 4-44 "更改颜色"视频效果

5)Lumetri 颜色

Lumetri 颜色视频效果用于增强图像画面的色彩。调整"曲线"中的"RGB 曲线""色相饱和度曲线"参数,"色轮和匹配"中的"阴影""中间调""高光"等参数,即可明显增强画面的颜色。

6)色彩

色彩视频效果可在图像画面上添加某种色彩,分割形成复合色彩。"着色量"值为 100.0%,

图像为黑白效果；"着色量"值为 0.0%，图像保持原图颜色效果。

4. 模糊与锐化(Blur & Sharpen)类视频效果

模糊与锐化类视频效果主要用于柔化或锐化图像或边缘，包括减少交错闪烁、复合模糊、方向模糊、相机模糊、通道模糊、钝化蒙版、锐化和高斯模糊 8 种效果。对于过于清晰或对比度过强的图像区域，可使用模糊视频效果进行优化，把原本清晰的画面变得朦胧。

1) 高斯模糊

高斯模糊(Gaussian Blur)视频效果通过修改明暗分界点的差值，模糊和柔化图像并消除杂色。高斯是一种变形曲线，由画面临近像素点的色彩值产生，可指定"模糊尺寸"是"水平"、"垂直"或"水平和垂直"，调整"模糊度"参数值即可改变图像的模糊程度，如图 4-45 所示。

图 4-45 "高斯模糊"视频效果

2) 相机模糊

相机模糊(Camera Blur)视频效果模拟相机调整焦距时出现的模糊景物情况，即随时间变化的模糊调整方式，可使图像从最清晰连续调整得越来越模糊。调整"百分比模糊"参数值即可改变图像的模糊程度，如图 4-46 所示。

图 4-46 "相机模糊"视频效果

3) 方向模糊

方向模糊(Directional Blur)视频效果在图像中产生一个具有方向性的模糊感，从而产生一种画面在运动的幻象，主要由"方向"和"模糊长度"参数值进行控制。设置模糊"方向"，将环绕像素中心平均分布，故设置为 180°与设置为 0°的效果一样；"模糊长度"设置图像的模糊程度，如图 4-47 所示。

4) 复合模糊

复合模糊(Fast Blur)视频效果根据控制剪辑即"模糊图层"的明亮度值使图像像素变模糊，调整"最大模糊"参数值即可改变图像的模糊程度。如图 4-48 所示为"最大模糊"值为 45.0px 的画面效果。

图 4-47 "方向模糊"视频效果

图 4-48 "复合模糊"视频效果

5) 通道模糊

通道模糊(Channel Blur)视频效果可分别对红、绿、蓝或 Alpha 通道设置模糊度,同时可指定"模糊维度"是"水平"、"垂直"或"水平和垂直",如图 4-49 所示,仅对绿色通道设置了模糊度。

图 4-49 "通道模糊"视频效果

6) 锐化

锐化(Sharpen)视频效果用于使画面中相邻像素之间产生明显的对比效果,使图像画面更清晰。调整"锐化量"参数值即可改变图像的锐化程度,如图 4-50 所示。

图 4-50 "锐化"视频效果

7) 钝化蒙版

钝化蒙版(Unsharpen Mask)视频效果可使图像的颜色边缘差异更加明显。"数量"设置颜色差异值的大小；"半径"设置颜色边缘差异的范围；"阈值"设置颜色边缘的许可范围，阈值越小，效果越明显，如图4-51所示。

图 4-51 "钝化蒙版"视频效果

5. 键控类视频效果

在影视节目中，许多惊险、刺激的镜头令人惊叹，而其中绝大多数都是后期特技合成的。大家熟悉的天气预报栏目，实际上是主持人在纯绿色或纯蓝色的幕布前拍摄，键控抠像后与计算机制作的视频合成后再播放。键控类视频效果主要用于对图像进行抠像操作，通过各种抠像方式与不同画面叠加的方法来合成不同的场景或制作各种无法拍摄的画面。键控类视频效果的神奇功能，已成为影视后期制作的常用技术。在Premiere 2020中，包括Alpha调整、亮度键、图像遮罩键、差异遮罩、移除遮罩、超级键、轨道遮罩键、非红色键和颜色键9种效果，如图4-52所示。这些视频效果可以分为两类：一类是色键抠像，另一类是遮罩抠像。色键抠像是通过比较目标颜色的差异完成抠像透明处理，是最常用的一种抠像方式，"亮度键""颜色键"和"非红色键"属于色键抠像。遮罩抠像是通过一个形状作为遮罩片完成抠像透明处理，是一比较抽象的抠像方式，"轨道遮罩键""图像遮罩键""Alpha调整""移除遮罩"和"差值遮罩"等属于遮罩抠像。

图 4-52 键控类视频效果

抠像不是万能的，建议用户在前期拍摄时，尽量选择纯色的背景拍摄，且拍摄主体的颜色与背景颜色差异要大，才能为后期合成提供便利。国际运动专家组研究确定，人的皮肤中不含蓝绿这两种颜色。因此，在拍摄人物时，最好选择蓝色或绿色作为拍摄的背景。

1) 亮度键

亮度键视频效果一般用于画面亮度对比强烈的镜头，如黑、白背景，明暗反差较大的画面，利用亮度键可以得到较好的合成效果。其中，"阈值"设置被叠加图像灰阶部分的透明度，"屏蔽度"设置被叠加图像的对比度。对于常见的黑色背景素材，"阈值"一般高于50.0%，"屏蔽度"一般低于50.0%，如图4-53所示。白色背景素材，"阈值"一般不高于50.0%，"屏蔽度"一般不低于50.0%，如图4-54所示。在实际操作中，用户可根据素材的实际情况一边调整参数，一边监视画面，直到满意为止。

图 4-53　亮度键视频效果——黑色背景

图 4-54　亮度键视频效果——白色背景

2）颜色键

颜色键视频效果允许用户选择一个键控色，可以处理图像背景颜色较单一的图像画面，如图 4-55 所示。使用"主要颜色"的吸管工具，吸掉要去除的绿色背景；"颜色容差"指控制颜色的范围，值越大，控制的范围也越大；"边缘细化"参数可对抠像结果的边缘进行薄化处理；"羽化边缘"用于消除抠像边缘的毛边区域。

图 4-55　颜色键视频效果

3）非红色键

非红色键视频效果主要用于蓝色和绿色背景素材的抠像。"阈值"设置素材背景的透明度；"屏蔽度"设置被叠加图像的对比度；"去边"下拉列表中可以选择去除"绿色"或"蓝色"选项；"平滑"用于设置图像边缘的平滑度；"仅蒙版"选项表示被叠加图像只作为蒙版使用。如图 4-56 所示，使用非红色键视频特效对白鸽进行抠像。对于同一素材，也可以使用颜色键视频效果进行抠像，如图 4-57 所示。

在艺术创作中，抠像技术有其不可替代的优越性。同一素材，可以通过多种方法来实现抠像。用户如果能根据数据本身特性选取最合适的特效，一定会起到事半功倍的作用。

4）轨道遮罩键

轨道遮罩键视频效果是将一个视频轨道中的影片作为透明蒙版，该蒙版可以是任何剪辑片段，如视频、图像或字幕。轨道遮罩键是通过像素的亮度或透明定义轨道蒙版层的透明

图 4-56 非红色键视频效果

图 4-57 颜色键视频效果

度。"合成方式"包括 Luma"亮度遮罩"和透明度"Alpha 遮罩"两种,用户应根据素材情况选择合适的合成方式。"Alpha 遮罩"适用于本身包含透明背景的素材;"亮度遮罩"是依据图像像素的亮度生成透明区域,白色区域不透明,黑色区域全透明,灰色区域半透明。"反向"选项可以反转键效果。

　　制作如图 4-58 所示两个素材的望远镜观看的效果,可先将两个素材置于时间线的视频轨道中,如图 4-59 所示。然后,选择视频 1 轨道上的剪辑,添加"轨道遮罩键"视频效果。在"效果控件"面板的"遮罩"下拉列表中选择"视频 2"轨道作为遮罩,"合成方式"下拉列表中选择"亮度遮罩",效果如图 4-60 所示。

图 4-58 轨道遮罩键的素材

图 4-59 放置素材

图 4-60　轨道遮罩键视频效果

5）Alpha 调整

"Alpha 调整"视频效果主要用于调节图像的不透明度，还可以设置"忽略 Alpha"通道、"反转 Alpha"通道和"仅蒙版"三个选项，如图 4-61 所示，风车被调整为半透明。

图 4-61　Alpha 调整视频效果

6．风格化类视频效果

风格化类视频效果主要通过改变图像的像素或对图像的色彩进行处理，从而产生各种抽象派或者印象派的画面效果，也可模仿其他门类的艺术作品如浮雕和素描等。风格化类视频效果包括 Alpha 发光、复制、彩色浮雕、曝光过度、查找边缘、浮雕、画笔描边、粗糙边缘、纹理、色调分离、闪光灯、阈值和马赛克 13 种效果，如图 4-62 所示。

图 4-62　风格化类视频效果

1）马赛克

马赛克视频效果在视频节目中十分常见，一般用于保护不公开的画面信息。马赛克视频效果按照画面出现颜色层次，采用马赛克镶嵌图案代替原画面中的图像。将马赛克视频效果拖到时间线的视频剪辑之上，此时整个画面将被马赛克。通过调整"水平块"和"垂直块"的值控制马赛克图案的数量和大小，可以保持原有画面的面目。如果仅对图像画面的局部进行马赛克，如人物的脸部和笔记本的 LOGO 部分，可以分别使用"创建椭圆形蒙版"工具 ⬤ 盖住脸部和 LOGO 区域，如图 4-63 所示。如果视频画面中的人物在运动，即位

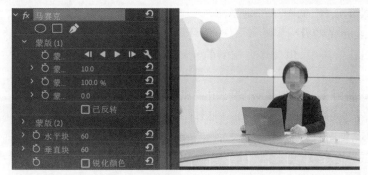

图 4-63　局部马赛克视频效果

置发生了变化,则应制作蒙版路径的关键帧动画,保证人物脸部始终位于蒙版区域内。

2) Alpha 发光

Alpha 发光视频效果仅对具有 Alpha 通道的片断起作用,且只对第 1 个 Alpha 通道起作用。它可以在 Alpha 通道指定的区域边缘,产生一种颜色逐渐衰减或向另一种颜色过渡的效果。

3) 浮雕

浮雕视频效果根据当前画面的色彩走向将色彩淡化,主要用灰度级来刻画画面,形成浮雕的效果。"方向"设置浮雕的光照方向;"起伏"设置浮雕凸起的像素值;"对比度"设置浮雕的锐化效果;"与原始图像混合"设置浮雕效果与原始图像的混合程度。

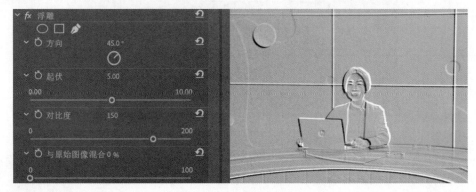

图 4-64 浮雕视频效果

4.3.3 常用第三方插件

第三方插件也称扩展或外挂,是一种遵循一定规范的应用程序接口编写出来的程序,主要用于扩展软件功能。有些插件由软件公司自己开发,而有些则由第三方公司或软件用户个人开发。在 Premiere 中,插件主要包括转场效果插件、视频效果插件、字幕插件和扩展功能插件四大类,应用好插件能帮助用户轻松制作出高质量的视频作品。如比较流行的转场效果插件 FilmImpact Transition Packs、蓝宝石系列插件 GenArts Sapphire、视频降噪插件 Magic Bullet Denoiser 和 Noise、调色插件 Colorista、美颜磨皮插件 Beauty Box、字幕插件 VisTitleLE 和 Boris Continuum Complete 插件等。其中,Boris Continuum Complete 是一组比较全面的效果包,本节以 Boris Continuum Complete 为例,介绍插件的使用方法。首先,按照要求安装好相应的插件,再次打开 Premiere 软件,就可以在"效果"→"视频效果"列表中看到新安装的插件,如图 4-65 所示。

1. Boris Light 光特效

在 Boris Lights 组中,包含许多炫酷的光特效,如图 4-66 所示。

1) BCC Lens Flare 3D

将 BCC Lens Flare 3D 视频效果应用于风景照。在 Built-in Camera 中,设置 Zoom 值为 3.00,Position XY 在 00:00:00:00 和 00:00:04:24 的坐标分别为(880.0,480.0)和(1300.0,360.0),即可形成动态的三维镜头光晕效果,如图 4-67 所示。

2) BCC Lightening

将 5s 的雨天天空照片剪辑裁切为三段,分别为 2s、1s 和 2s,将 BCC Lightening 视频效

图 4-65　BCC 插件

图 4-66　BCC Lights

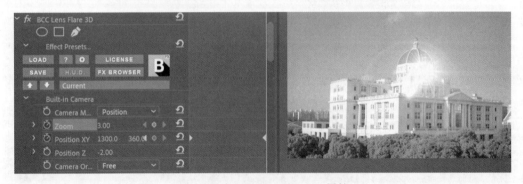

图 4-67　BCC Lens Flare 3D 属性

果应用于第二段剪辑。设置闪电 Dest 在 00:00:02:00 和 00:00:02:22 的坐标分别为 (1024.0,300.0)和(800.0,1800.0),即可形成闪电划破天空的动画效果,如图 4-68 所示。

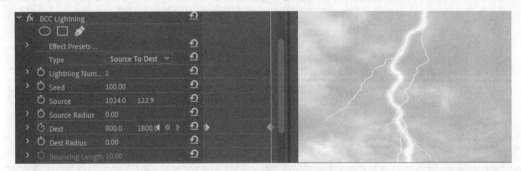

图 4-68　BCC Lightening 属性

2. Boris Perspective 立体空间特效

1) BCC Cube

BCC Cube 视频效果可以应用视频轨道的图像或视频剪辑形成一个六面体。新建时间線序列后,将6个素材分别置于"视频1"~"视频6"六根轨道上,视频总时长为7s。隐藏"视频2"~"视频6"五根轨道,将 BCC Cube 视频效果应用于"视频1"轨道的剪辑,如图4-69所示。

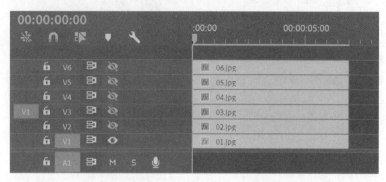

图 4-69　设置轨道素材

在"效果控件"面板上设置 Boris Cube 的属性。六面体的6个面 Faces 为 Independent,再将六根轨道的剪辑分别设为六面体的一个面,如图4-70所示;设置半透明水晶六面体,Opacity 值为50.0;再制作六面体移动、旋转并分解的运动动画效果;设置 Position XY 在

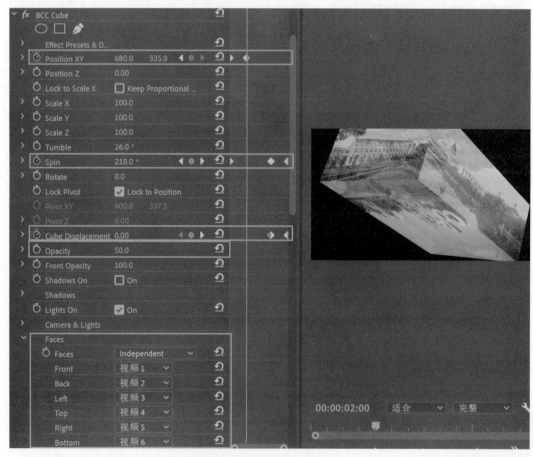

图 4-70　BCC Cube 属性

00:00:00:00 和 00:00:02:00 的坐标分别为(−900.0,335.0)和(680.0,335.0),形成六面体的位移动画;设置水平旋转 Spin 在 00:00:00:00、00:00:05:00 和 00:00:06:24 的角度分别为 30.0°、1×140.0° 和 140.0°;设置六面体分解 Cube Displacement 在 00:00:05:00 和 00:00:06:24 的参数值分别为 0.00 和 1.30,即可形成水晶六面体旋转着移入舞台,最后分解展开的动画效果。

值得注意的是,作为六面体的素材尺寸大小最好统一或接近,如果大小悬殊,合成的六面体按小的尺寸来显示,效果可能不是最理想。最后,要区分两类坐标,一类是素材剪辑本身的坐标,位于“运动”属性下方;另一类是视频效果的坐标,位于相应的视频效果的属性中。当我们希望在监视器中,通过鼠标直观地调整坐标时,应先到“效果控件”面板选定相应的属性,再去监视器调整坐标的位置。

2) BCC Sphere

BCC Sphere 视频效果可使图像或视频剪辑形成一个球体,应用关键帧动画可以模拟三维球体的运动。将 BCC Sphere 视频效果应用于“视频 1”轨道的剪辑,在“效果控件”面板中设置 BCC Sphere 的属性,与 BCC Cube 视频效果的操作大同小异,可制作 Position、Spin 等属性的关键帧动画,就可以展现一个三维球体的运动效果,如图 4-71 所示。设置 Geometry→Position 在 00:00:00:00 和 00:00:04:24 的坐标分别为(0.0,0.0)和(540.0,327.0),形成球体的位移动画;设置水平旋转 Geometry→Spin 在 00:00:00:00 和 00:00:04:24 的角度分别为 0.0° 和 1×0.0°,展现一个三维球体旋转着位移的运动效果。

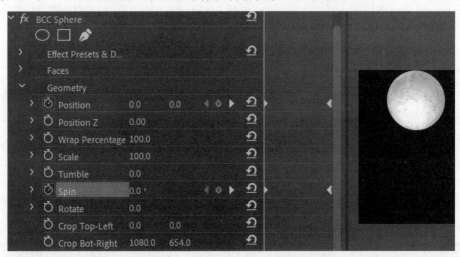

图 4-71　BCC Sphere 属性

3) BCC Page Turn

BCC Page Turn 视频效果可以模拟书本翻页的立体动画效果。将 BCC Page Turn 视频效果应用于“视频 1”轨道的剪辑,在“效果控件”面板中设置 BCC Page Turn 的属性。要实现书本的翻页效果,只需制作 Offset 属性的关键帧动画;按照翻书习惯调整 Direction 为 135.0°;设置 Offset 在 00:00:00:00 和 00:00:04:24 的参数值分别为 0.0 和 100.0,即开始状态没有翻,结束状态为 100% 翻完,如图 4-72 所示。

各类原版插件特效十分丰富且属性较多,建议读者慢慢摸索,一边调整参数,一边监视画面。多尝试,慢慢积累经验,制作出更多优秀的视频作品。

图 4-72　BCC Page Turn 属性

4.4　Premiere 中的动画效果

在 Premiere 中，可通过制作关键帧动画实现各种运动动画效果，如对象发生大小、位移和角度等各种变化。可以制作剪辑"运动"属性的关键帧动画，也可以给剪辑添加视频特效后，制作视频特效的关键帧动画。

4.4.1　剪辑"运动"属性的关键帧动画

微课视频

Premiere 的动画效果是在"效果控件"面板中进行操作的。导入素材到项目库后，将素材拖曳到"时间线"面板的视频轨道中。在"效果控件"面板右上方，单击"显示/隐藏时间轴视图"按钮 ，可显示时间轴，以方便关键帧动画的设置。

1. 制作位移和旋转动画

在"效果控件"面板中，单击"运动"→"位置"左侧按钮 ，时间轴显示一个关键帧符号 ，表示在当前位置添加了一个开始关键帧，并适当调整剪辑的"位置"坐标；将播放头 移动到目标时间点，单击"位置"右侧的"添加/删除关键帧"按钮 ，时间轴显示第二个关键帧符号 ，表示在当前位置添加了一个结束关键帧；通过输入新坐标值或在监视器窗口中移动剪辑到新位置，即可创建出一段直线运动路径，如图 4-73 所示。只有两个关键帧的参数发生了变化，才能形成动画效果。在 Premiere 中，舞台左上角为坐标系的原点，x 轴越往右值越大，y 轴越往下值越大；一个剪辑的坐标值，是记录其中心点位置的坐标。

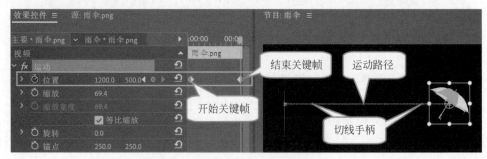

图 4-73　位移动画

用户只需设定关键帧动画的开始状态即开始关键帧和结束状态即结束关键帧，中间的过程由软件自动计算完成，从而实现动画效果。如果要实现曲线运动路径，可调整路径上的切线手柄，切线手柄在直线路径上显示为一个较粗的点。通过改变切线的角度、长度可获得不同的曲线路径，如图 4-74 所示。

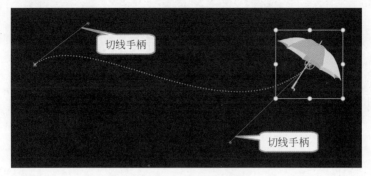

图 4-74　切线手柄

同理，制作"旋转"属性的关键帧动画。顺时针旋转输入正数值，逆时针旋转输入负数值，也可以在监视器窗口中直接调整剪辑的角度。如图 4-75 所示，剪辑顺时针旋转了 540°，即一周余 180°。

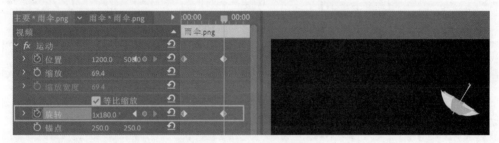

图 4-75　旋转动画

2. 模拟运动镜头效果

运动镜头是指摄影机在运动中拍摄的镜头，包括摄影机的推、拉、摇、移、跟、升降等运动摄影方式。在 Premiere 中，可应用关键帧动画模拟运动镜头的拍摄效果。

1）推镜头

推镜头是摄像机向被摄主体方向推进，或变动镜头焦距使画面框架由远而近向被摄主体不断接近的拍摄方法。推镜头的画面特点是形成视觉前移效果，具有明确的主体目标，使被摄主体由小变大，周围环境由大变小。推镜头常用于突出主体人物、突出细节和重点形象，其推进速度可直接影响和调整画面节奏，从而产生外化的情绪力量。

在 Premiere 中，模拟推镜头可通过制作剪辑"缩放"属性的关键帧动画来实现。例如，将剪辑"上外.jpg"的画面大小逐渐缩放到原来的 200%，从而突出建筑主体，如图 4-76 所示。

2）拉镜头

拉镜头是摄像机逐渐远离被摄主体，或变动镜头焦距使画面框架由近至远与主体拉开距离的拍摄方法。拉镜头的画面特点是形成视觉的后移效果，使被摄主体由大变小，周围环境由小变大。拉镜头有利于表现主体和其所处环境的关系，内部节奏由紧到松，与推镜头相比，较能发挥感情上的余韵，产生许多微妙的感情色彩，常被用作结束性和结论性的镜头，也

图 4-76　推镜头

是画面转场的有效手法之一。

　　在 Premiere 中,模拟拉镜头可通过制作剪辑"缩放"属性的关键帧动画来实现。例如,将剪辑"上外.jpg"的画面大小从 200％逐渐缩放到 80％,从而表现建筑主体和其所处环境的关系,如图 4-77 所示。

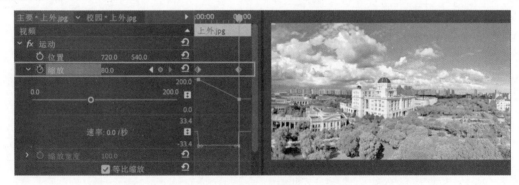

图 4-77　拉镜头

　　3) 摇镜头

　　摇镜头是指摄像机机位不动,借助三角架上的活动底盘或拍摄者自身的人体,变动摄像机光学镜头轴线的拍摄方法。摇镜头犹如人们转动头部环顾四周或将视线由一点移向另一点的视觉效果,常用于展示空间,扩大视野,有利于通过小景别画面包容更多的视觉信息,交代同一场景中多个主体间的内在联系,表示某种暗喻、对比或因果关系等,也是画面转场的有效手法之一。在 Premiere 中,模拟摇镜头可通过制作剪辑"旋转"属性的关键帧动画来实现。

　　4) 移镜头

　　移镜头是指摄像机的移动使画面框架始终处于运动中,画面中的静止或动态物体呈现出位置不断移动的态势。移镜头能直接调动观众的运动视觉感受,唤起人们在行驶交通工具上的视觉体验,产生身临其境之感。移镜头开拓了画面的造型空间,在表现大场面、多景物、多层次的复杂场景时具有气势恢宏的造型效果,创造出独特的视觉艺术效果。

　　在 Premiere 中,模拟移镜头可通过制作剪辑"位置"坐标的关键帧动画来实现,纵坐标应保持不变。例如,将剪辑"上外.jpg"的"位置"坐标从(1500,540)逐渐变为(−100,540),从而展示多景物的恢宏画面,如图 4-78 所示。

图 4-78　移镜头

5）跟镜头

跟镜头是指摄像机跟随被摄主体一起运动，运动主体在画框中的位置相对稳定，而其后面的背景画面在不断变化。跟镜头是对人物、事件、场面跟随记录的表现方式，能连续且详尽地表现运动中的被摄主体，在纪实性节目和新闻拍摄中有着重要的纪实性意义。

在 Premiere 中，模拟跟镜头可通过制作背景画面的"位置"关键帧动画来实现。例如，模拟镜头跟随"奔跑男孩.gif"拍摄。可将视频 1 轨道中剪辑"图文.jpg"的"位置"坐标从（1200,315）逐渐变为（240,315），水平移动方向与主体运动方向相反，即可达到跟镜头的视觉效果，如图 4-79 所示。

图 4-79　跟镜头

6）升降镜头

升降镜头是指摄像机借助升降装置，边升降边拍摄得到的画面。升降镜头视点的连续变化可形成多角度、多方位的多构图效果，有利于表现高大物体的各个局部或纵深空间中的点面关系，展示事件或场面的规模、气势和氛围。在 Premiere 中，模拟升降镜头可通过制作"位置"坐标的关键帧动画来实现，横坐标应保持不变。

4.4.2　视频效果的关键帧动画

视频效果的关键帧动画原理与剪辑"运动"属性的关键帧动画相同。将视频效果拖曳应用于剪辑后，用户可根据设计需要制作关键帧动画。

1．"更改颜色"视频效果制作枫叶变色动画

"更改颜色"视频效果可以调整一系列颜色的色相、亮度和饱和度，从而校正视频画面的色彩。将项目库中素材"枫叶.jpg"置于视频 1 轨道中，拖曳"效果"面板中的"视频特效"→"颜色校正"→"更改颜色"视频效果并应用于该剪辑。在"效果控件"面板中，单击"更改颜

199

色"→"要更改的颜色"右侧按钮 ，吸取监视器中红色叶子的颜色；在 00:00:00:00 时间点，单击"色相变换"左侧按钮 ，时间轴显示一个关键帧符号 ，调整"色相变换"参数值为42；调整"匹配容差"值为 20%，"匹配柔和度"值为 10%，叶子颜色被更改为绿色，如图 4-80 所示。

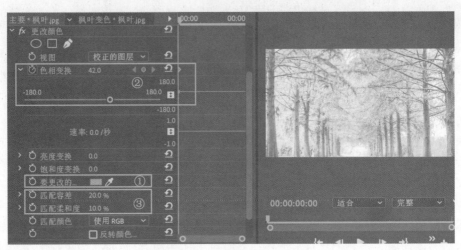

图 4-80　"更改颜色"为绿色

将播放头 移动到目标时间点 00:00:04:24，单击"色相变换"右侧的"添加/删除关键帧"按钮 ，时间轴显示第二个关键帧符号 ，调整"色相变换"值为 0，即可以实现枫叶由绿变红的动画过程，如图 4-81 所示。

图 4-81　"更改颜色"为红色

2."裁剪"视频效果制作文字慢显动画

"裁剪"视频效果可以从剪辑的四个边缘修剪像素。将项目库中素材"爱我中华.png"置于视频 1 轨道中，拖曳"效果"面板中的"视频特效"→"变换"→"裁剪"视频效果并应用于该剪辑。在"效果控件"面板中，在 00:00:00:00 时间点，单击"右侧"左侧按钮 ，时间轴显示一个关键帧符号 ，调整"右侧"参数值为 100.0%，表示右侧开始全部裁剪；将播放头 移动到目标时间点 00:00:04:24，单击"右侧"右侧的"添加/删除关键帧"按钮 ，时间轴显示第二个关键帧符号,调整"右侧"参数值为0.0%,表示右侧不裁剪,即可形成文字从左往右逐渐慢显的动画效果,如图4-82所示。

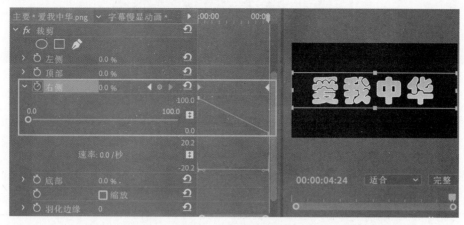

图4-82 文字慢显动画

4.5 Premiere 字幕的应用

字幕是文字以各种形式出现在视频画面中的文字总称,以最直接的方式传递信息,是影视节目中十分重要的视觉元素。影片的片名、演职员表、对话、翻译文字和解说文字等都称为字幕。Premiere提供了完善的字幕编辑功能,用户能轻松方便地制作字幕。

4.5.1 字幕的创建与编辑

在Premiere 2020中,主要可以通过以下两种方式创建字幕。

1. 文字工具创建字幕

工具箱下方的文字工具组 T 中包含文字工具 T 和垂直文字工具 T ,文字工具输入的文字沿水平方向分布,而垂直文字工具输入的文字则沿垂直方向分布。如果要输入单行或单列文字,选择文字工具或垂直文字工具后,直接把光标指针定位在监视器中,单击即可输入单行或单列文字。选择文字工具 T ,在监视器中单击鼠标左键即可输入单行文字,如图4-83所示。如果要输入多行或多列文字,选择文字工具或垂直文字工具后,在监视器中按住鼠标左键并拖动,绘制一个文本框区域,则可以输入多行或多列文字,也叫作段落文字。选择垂直文字工具 T ,在监视器中绘制一个文本框区域,输入的文字自动在固定区域内分列显示,图4-84所示。

图4-83 创建单行字幕

201

第4章 Adobe Premiere数字视频制作 ◀◀◀

图 4-84 创建段落字幕

在实际应用中,字幕的字体、颜色和风格应符合视频节目的主题。在"基本图形"面板的"编辑"选项卡中,用户可进一步设置文字的格式参数,包括对齐并变换、主样式、文本和外观的设置,如图 4-85 所示。

2. 旧版标题字幕

习惯使用旧版 Premiere 的用户,可以选择"文件"→"新建"→"旧版标题"创建字幕,如图 4-86 所示。此时,弹出"新建字幕"对话框,可设置字幕的宽度、时基和像素长宽比,并给字幕取个有意义的名称,如图 4-87 所示。再单击"确定"按钮,进入"字幕设计器"面板。在旧版字幕中,可以创建静态字幕、滚动和游动字幕,还可以创建包含图形的字幕。

1)静态字幕

在"字幕设计器"面板中,直接使用文字工具输入文字,创建的是静态字幕。例如,使用文字工具 T 输入文字"爱岗敬业模范",部分文字显示为符号 █,仅表示当前字体不适用,可选择其他中文字体,如图 4-88 所示。

创建完字幕,关闭"字幕设计器"面板。与其他素材一样,创建的字幕被存放在"项目"面板中,拖曳字幕到时间线的视频轨道中,在监视器中可以浏览字幕的效果。

在同一节目中,为保证字幕样式的统一,当创建好一个字幕后,常以第一个字幕为模板来创建其他字幕。在"字幕设计器"面板中,单击 █ 按钮,可基于当前字幕新建其他字幕,快速复制一个新字幕。

2)滚动和游动字幕

输入多行或多列文字,可以使用区域文字工具 █ 或垂直区域文字工具 █ ,使文字在固定区域内显示。滚动字幕一般是垂直从下到上运动,产生滚动的效果。

图 4-85 设置文字的格式

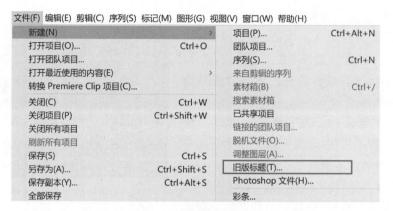

图 4-86 新建旧版标题

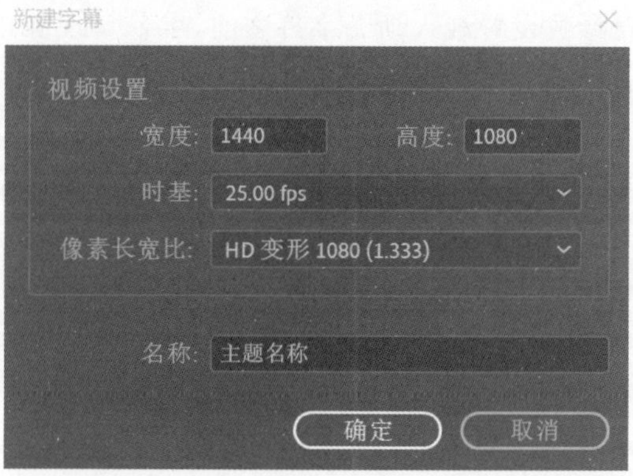

图 4-87 "新建字幕"对话框

图 4-88 "字幕设计器"面板

游动字幕一般是水平方向的左右运动,可以向左游动,也可以向右游动。单击"字幕设计器"面板中的"滚动/游动选项"按钮 ⬍,打开如图 4-89 所示对话框,根据需要设置滚动或游动的选项,各参数说明如下。

图 4-89 "滚动/游动选项"对话框

- 开始于屏幕外:选中该复选框时,"预卷"参数不可用,设置字幕的开始端从屏幕外开始进入屏幕。
- 结束于屏幕外:选中该复选框时,"过卷"参数不可用,设置字幕的末端一直运动到屏幕外。
- 预卷/过卷:预卷参数设置载入动态字幕之前,字幕呈现静止状态的帧数;过卷参数设置字幕结束后,字幕呈现静止状态的帧数。
- 缓入/缓出:缓入参数设置字幕从开始缓慢加速到正常速度的时间内,需加速的帧数;缓出参数设置字幕从减速到完全停止的时间内,需播放的帧数。

3) 图形字幕

在 Premiere 中,字幕除了文字外,也可添加各种图形和 Logo 标志图形。

在"字幕设计器"面板的工具箱中,包含多种几何形状工具,如矩形工具、圆角矩形工具、切角矩形工具等。选择椭圆工具 ⬭,按住 Shift 键进行绘制,可以绘制一个正圆形状。在"旧版标题属性"中,设置填充颜色为"径向渐变"并适当调整颜色,勾选"阴影"复选框,如图 4-90 所示。

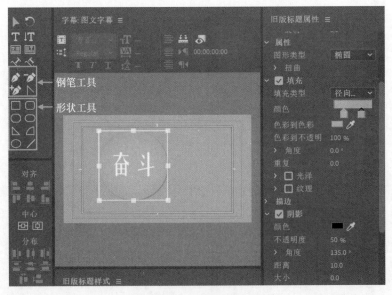

图 4-90 图形字幕

如果要在字幕中添加一个图片 Logo,可在字幕工作区右击,在弹出的快捷菜单中选择"图形"→"插入图形"命令,选择相应的图片,即可将图片添加到字幕中,如图 4-91 所示。

4）路径文字

在"字幕设计器"面板的工具箱中,除了普通文字工具和区域文字工具外,还有路径文字工具和垂直路径文字工具。使用路径文字工具,用户可以根据设计需要制作各种沿路径的文字效果。第一步,用路径文字工具或垂直路径文字工具绘制好路

图 4-91　添加 Logo 字幕

径。选择路径文字工具后,单击鼠标左键确定路径的第一个锚点。之后若直接单击,则产生的是折线;若单击的同时按住鼠标左键拖动,可以绘制平滑曲线。如果对绘制的路径不满意,可使用钢笔工具调整路径上的锚点,还可借助删除锚点工具、添加锚点工具和转换锚点工具对路径做进一步调整优化,如图 4-92 所示。第二步,文字工具靠近路径,单击并输入文本,文字即能沿着路径排列,如图 4-93 所示。

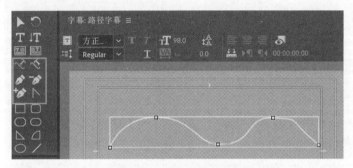

图 4-92　绘制文字的路径

图 4-93　绘制文字的路径

4.5.2　制作动态特效字幕

精美的字幕不仅能点明主题,使画面更具感染力,还能为观众传递一种艺术信息。除了垂直滚动和水平游动字幕外,用户还可应用视频效果和关键帧动画技巧制作特殊效果的字幕。

1. 制作模糊拉伸的淡入字幕效果

将"字幕 01"拖入时间轴的视频轨道中,拖曳"效果"面板中的"视频特效"→"模糊"→"高斯模糊"视频效果并应用于该剪辑。在"效果控件"面板中,先取消"等比缩放"选项,在00:00:00:00 时间点,单击"缩放宽度"左侧按钮,时间轴显示一个关键帧符号,调整

"缩放宽度"参数值为 50.0；单击"不透明度"左侧 ⏱ 按钮，时间轴显示一个关键帧符号 ◇，
调整"不透明度"参数值为 0.0％；单击"高斯模糊"→"模糊度"左侧 ⏱ 按钮，时间轴显示一
个关键帧符号 ◇，调整"模糊度"参数值为 50.0，如图 4-94 所示。将播放头 🔲 移动到目标
时间点 00;00;01;00，调整"缩放宽度"参数值为 100.0；调整"不透明度"参数值为 100.0％；
调整"模糊度"参数值为 0.0，如图 4-95 所示，即可形成字幕从模糊到清晰、逐渐拉伸并淡入
的动画效果。

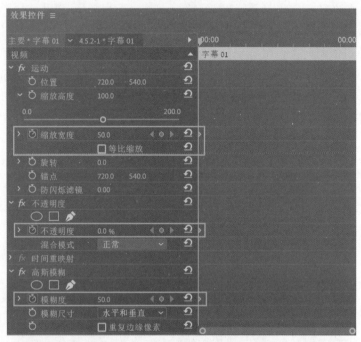

图 4-94　设置开始关键帧的参数

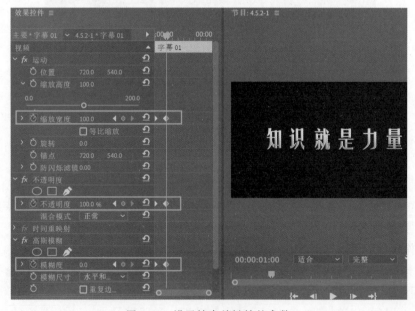

图 4-95　设置结束关键帧的参数

2. 制作上下慢显字幕效果

将"字幕 02"拖入时间轴的视频 1 轨道中,入点为 00:00:00:00,作为右列文字"书山有路勤为径"的慢显动画;再将"字幕 02"拖入时间轴的视频 2 轨道中,入点为 00:00:01:00,出点为 00:00:04:24,制作左列文字"学海无涯苦作舟"的慢显动画,如图 4-96 所示。

图 4-96　布局视频轨道

拖曳"效果"面板中的"视频特效"→"变换"→"裁剪"视频效果并应用于视频 1 轨道的字幕剪辑,在"效果控件"面板中,在 00:00:00:00 时间点,单击"底部"左侧 按钮,时间轴显示一个关键帧符号 ,调整"底部"参数值为 100.0%,表示底部全部裁剪;调整"左侧"参数值,裁剪左列文字,如图 4-97 所示。将播放头 移动到目标时间点 00:00:00:24,调整"底部"参数值为 0.0%,即可实现右列字幕上下慢显的动画效果,如图 4-98 所示。

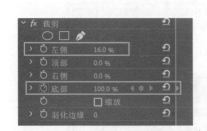

图 4-97　00:00:00:00 的"裁剪"参数

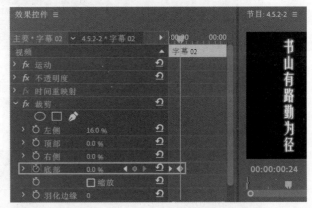

图 4-98　00:00:00:24 的"裁剪"参数

接着,制作左列文字"学海无涯苦作舟"的慢显动画效果。由于视频 2 轨道字幕与视频 1 轨道字幕上下慢显的速度相同,可在"效果控件"面板中,复制视频 1 轨道字幕剪辑的"裁剪"视频效果,再选中视频 2 轨道的字幕剪辑,在"效果控件"面板中进行粘贴。最后,调整"左侧"参数值为 0.0%,"右侧"参数值适当,裁剪右列文字,如图 4-99 所示,完成两列文字先后上下慢显的动画。

3. 制作扭曲字幕效果

将"字幕 03"拖入时间轴的视频轨道中,拖曳"效果"面板中的"视频特效"→"扭曲"→"湍流置换"视频效果并应用于该剪辑。在"效果控件"面板中,"湍流置换"的"置换"包括"湍流""凸出""扭曲"和"湍流较平滑"等 9 种置换方式,用户可根据设计需要自行选择。制作"数量"和"大小"属性的关键帧动画。在 00:00:00:00 时间点,单击"数量"左侧 按钮,时间轴显示一个关键帧符号 ,调整"数量"参数值为 0.0;单击"大小"左侧 按钮,时间轴显

207

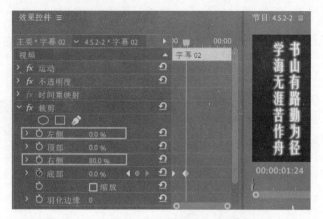

图 4-99　视频 2 轨道剪辑的"裁剪"参数

示一个关键帧符号🔶,调整"大小"参数值为 5.0,如图 4-100 所示。将播放头🏠移动到目标时间点 00:00:04:00,调整"数量"参数值为 80.0;调整"大小"参数值为 200.0,如图 4-101 所示,即可产生义字扭曲的动画效果。

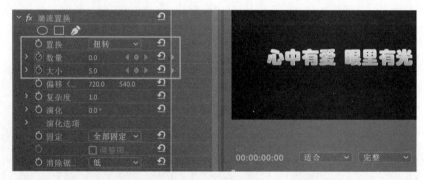

图 4-100　00:00:00:00 的"湍流置换"参数

图 4-101　00:00:04:00 的"湍流置换"参数

4. 制作遮罩字幕效果

使用"轨道遮罩键"视频效果可以制作各种遮罩字幕效果。用户可选用静态或动态背景素材作为被遮罩画面,如果选用动态背景素材,可产生动态的遮罩字幕效果。将"动态背景.mp4"和"字幕 04"分别置于时间轴的"视频 1"和"视频 2"轨道中,如图 4-102 所示。

选中"视频 1"轨道上的剪辑,添加"键控"→"轨道遮罩键"视频效果。在"效果控件"面板的"遮罩"下拉列表中,选择"视频 2"轨道作为遮罩层,由于字幕文字的外部是透明区域,

图 4-102　布局视频轨道

故在"合成方式"下拉列表中选择"Alpha 遮罩",效果如图 4-103 所示。"合成方式"有
"Alpha 遮罩"和"亮度遮罩"两种:"Alpha 遮罩"以遮罩层的 Alpha 透明通道信息作为遮罩,
不透明区域显示被遮罩层的画面,透明区域遮挡隐藏被遮罩层的画面;"亮度遮罩"以遮罩
层的黑白亮度信息作为遮罩,白色亮色区域显示被遮罩层的画面,黑色暗色区域遮挡隐藏被
遮罩层的画面。

图 4-103　设置"轨道遮罩键"属性

5. 制作扫光文字效果

将 BCC Lights→BCC Rays Ring 视频效果应用于字幕,在"效果控件"面板中设置相应
的参数,并根据设计需要制作关键帧动画。例如,Light Source 在 00:00:00:00、00:00:01:
00、00:00:02:00 和 00:00:03:00 分别设置坐标为(720,550)、(0,550)、(1160,550)和(720,
550),Ray Length 在 00:00:00:00、00:00:02:00、00:00:03:00 和 00:00:04:00 分别设置射
线长度为 50.0、80.0、80.0 和 0.0,即可形成射线扫射的动画效果,如图 4-104 所示。

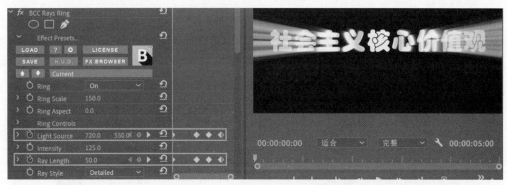

图 4-104　BCC Rays Ring 属性

4.6　添加音频

视频节目通过声音和画面向观众传递信息。在观看视频节目的过程中,我们又回到对
语言最初的直观感知阶段,即通过形象声音来理解意义。声音在视频节目中的作用不容忽
视,根据其特征,可将声音分为语音、音乐和音响,只有它们充分发挥各自的作用,才能构成
一部精彩的视频作品。

微课视频

209

语音是影视声音中最基本的元素,是人类交流思想情感的主要方式之一。除了对话、对白、解说外,它还具有提示发声对象的情绪、状态和个性特征的作用。在视频节目中,音乐起到烘托画面、深化主题和渲染气氛的作用。音乐的节奏应服从画面的节奏,两者深化统一。音响也叫音效,是为了准确、生动地表现客观世界,增强环境气氛的真实性,给人身临其境的真实感。常见的动作音效如脚步声、拍打声、撞击声等;自然音效如风雨声、雷声、流水声、鸟鸣声等;机械音效如枪击声、汽车的发动声。音效可以实录,也可以模拟制作获得。总之,语音、音乐、音响这三类声音元素在视频节目中相互依存、相互渗透、相互作用。

4.6.1 声音的基本操作

1. 添加声音

将准备好的声音素材导入到项目库后,拖动素材到序列的相应音频轨道中,如图4-105所示:A1轨道放置风声 wind.wav,风声稍晚出现;A2轨道放置背景音乐 music.mp3。选中 M 按钮,表示该音轨为静音(Mute);选中 S 按钮,表示该音轨为独奏(Solo)。

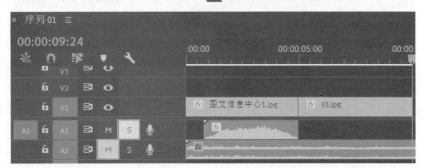

图 4-105　添加声音

2. 裁切声音

声音应与画面统一,并服从画面。背景音乐时间长度应与视频画面一致,可将时间线滑块调整到视频画面的最后一帧,使用剃刀工具 靠近时间线并单击 A2 轨道中的音乐剪辑,可将该剪辑一切为二,如图4-106所示;再使用选择工具选中多余的音乐剪辑,按 Delete 键将其删除即可。

图 4-106　裁切声音

3. 调整声音的速度/持续时间

音频文件和视频文件一样,可以设置其持续时间。选中音频轨道上的声音剪辑,单击鼠标右键,选择"速度/持续时间"命令,在"剪辑速度/持续时间"对话框内设置其"速度"或"持续时间"即可修改声音的播放速度及持续时间,如图4-107所示。值得注意的是,对于语音

素材,直接调整速度会改变音调,导致
声音失真。

4. 调整音量

在 Premiere 中,如果要调整声音的
音量,可以通过"控件面板"→"音量"→
"级别"进行调整。音频剪辑的原始默认
音量为 0.0dB,表示音量没增没减;最大
音量为 15.0dB,即音量增加 1 倍;一∞
表示没有声音。因此,声音的线性淡入,
可制作"音量"→"级别"从一∞到 0.0dB

图 4-107　调整声音的速度/持续时间

的关键帧动画;声音的线性淡出,可制作"音量"→"级别"从 0.0dB 到一∞的关键帧动画。
例如,制作 wind. wav 风声忽高忽低的效果。在"效果控件"面板中,分别在 5 个时间点添加
"音量"→"级别"属性的关键帧,其参数值分别为 0.0dB、8.0dB、0.0dB、0.0dB 和一∞。从音
量曲线可见,声音先逐渐升高,再降低后保持一段时间,最后降低直至消失,如图 4-108
所示。

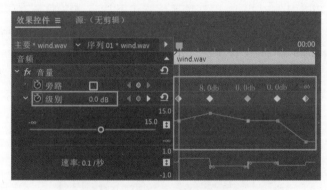

图 4-108　添加音频过渡效果

4.6.2　音频过渡效果

为保证声音不会出现或消失得太突然,声音的开始和结尾一般都有淡入和淡出的声音
特征。在"效果"面板的"音频过渡"→"交叉淡化"中,包括"恒定功率""恒定增益""指数淡
化"3 种音频过渡效果,如图 4-109 所示。这 3 种音频过渡效果都能制作声音的淡入和淡出
效果,只是在数学算法上有差异。"恒定功率"效果可以创建平滑的声音过渡,工作方式与视
频溶解过渡类似,在两个剪辑之间混合音频时,中间部分不会有明显的音频下降,十分有用。
其特点是先缓慢淡出第一个剪辑的声音,然后快速接近剪辑的末端;对于第二个剪辑,先快
速增加音频,再更缓慢地接近过渡的末端。"恒定增益"效果使用恒定音频增益(音量)来切
换音频,在两个剪辑之间混合音频时,会创建一种突然的切换,不
会混合两个剪辑。其特点是第一个剪辑的声音在淡出时,第二个
剪辑的声音以相同的增益淡入。"指数淡化"效果可以创建不对称
的交叉指数型曲线,可以创建非常平滑的淡化,常用于节目开始和
结尾处的淡入淡出。

图 4-109　音频过渡效果

第4章　Adobe Premiere数字视频制作

212

选中音频过渡效果后,将其拖到声音剪辑的开始处,声音自动为淡入;拖到声音剪辑的结尾处,声音自动为淡出;拖到两段声音剪辑之间,则第一段声音结尾处淡出,第二段声音开始处淡入,实现自然衔接过渡。声音过渡的默认持续时间为 1s,如果要调整声音过渡的持续时间,可在"效果控件"面板设置过渡的持续时间,如图 4-110 所示,将音乐开始处的淡入时间更改为 2s。

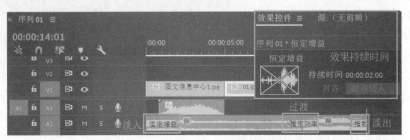

图 4-110　添加音频过渡效果

4.6.3　常用音频效果

在视频拍摄或声音录制过程中,因环境等因素可能导致声音质量不佳,需进行调整后才能使用的情况。在 Premiere 中,可以直接切换到 Adobe Audition 编辑声音,也可以使用音频效果调整声音。选中时间线视频素材的音频剪辑,单击鼠标右键,选择"在 Adobe Audition 编辑剪辑"即可打开软件 Adobe Audition,对视频中的声音进行编辑和处理,这一部分内容在第 3 章已详述。本节主要介绍应用 Premiere 2020 常用音频效果处理声音的技巧。Premiere 是一款视频编辑软件,但还是提供了十分丰富的音频效果,如图 4-111 所示。

图 4-111　音频效果

添加音频效果与添加视频效果的操作一样,在"效果"面板中,选中需要使用的音频效果,将其拖曳到音频轨道的剪辑上,或选中音频剪辑后,在"效果"面板中直接双击该音频效果,都可以将音频效果应用于该剪辑。

1. 降噪

"降噪"音频效果用于自动降低声音素材中的常见噪声,包括"弱降噪""强降噪""(默认)"三个选项。添加"降噪"效果后,在"效果控件"面板中,单击"编辑"按钮,打开"剪辑效果编辑器"对话框,如图 4-112 所示。"各个参数"→"数量"参数值越大,降噪效果越明显,声音失真也越大。

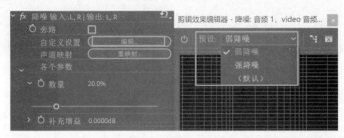

图 4-112 "降噪"音频效果

2. 平衡

"平衡"音频效果用于控制左、右声道的相对音量,仅适用于立体声剪辑。通过调整"平衡"参数值来改变左、右声道的音量,正值增加右声道的音量,负值增加左声道的音量,如图 4-113 所示。

图 4-113 "平衡"音频效果

3. 消除齿音

"消除齿音"音频效果可用于消除常见的刺耳或扭曲高频声音。在"各个参数"中,"阈值"是指振幅的上限,超过该值将进行压缩;"中置频率"是指定齿音最强时的频率;"带宽"是指触发压缩器的频率范围;"仅输出齿音"选项,可听检测到的齿音,默认为"关闭";"消除齿音"有两种模式,"宽带"和"多频段"。"宽带"模式处理的频段范围比较宽泛,"多频段"模式仅对用户指定的频段范围进行处理,相对比较精确。在预设中,系统包含多种消除齿音的常用效果,用户可根据素材情况直接选用,如图 4-114 所示。

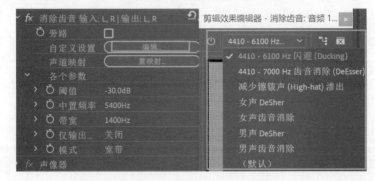

图 4-114 "消除齿音"音频效果

4. 消除嗡嗡声

"消除嗡嗡声"音频效果可消除音频某一频段范围内的嗡嗡声,使音质听起来更加清晰干净。添加"消除嗡嗡声"效果后,在"效果控件"面板中,单击"编辑"按钮,打开"剪辑效果编辑器"对话框,如图 4-115 所示。

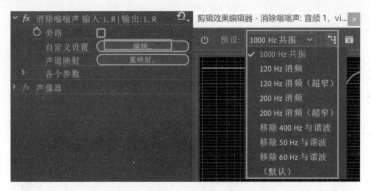

图 4-115 "消除嗡嗡声"音频效果

5. 和声/镶边

"和声/镶边"音频效果可以产生一个与原音频相同的音频,通过一定时间的延迟与原音频混合,产生一种特殊的和声或镶边效果。在"各个参数"→"模式"中,滑块靠左为"和声",滑块靠右为"镶边"。单击"编辑"按钮,打开"剪辑效果编辑器"对话框,在"预设"中,有十多种效果可供用户选择,如图 4-116 所示。

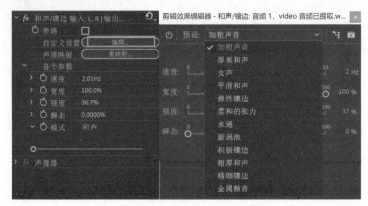

图 4-116 "和声/镶边"音频效果

6. 强制限幅

"强制限幅"音频效果能把信号幅度限制在一定范围内,可以大幅衰减高于指定阈值的音频,是均衡调节整体音量而避免失真的常用方法。"最大振幅"是指允许的最大采样振幅,如图 4-117 所示。例如,将"最大振幅"值设为 −2.0dB,则音量最高值将被限制为 −2.0dB,保证电平信号不会超标。

7. 室内混响

"室内混响"音频效果用于模仿室内的声波传播方式,产生真实的宽阔的室内回声效果。单击"编辑"按钮,打开"剪辑效果编辑器"对话框,在"预设"中,有十多种效果可供用户选择,如图 4-118 所示。

8. 环绕声混响

"环绕声混响"音频效果用于模仿舞台或其他环境的环绕声音响效果,使人有一种被来

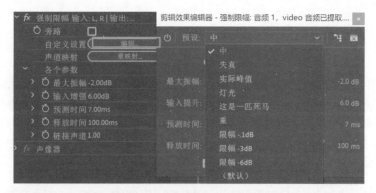

图 4-117　"强制限幅"音频效果

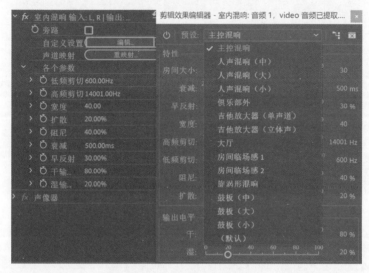

图 4-118　"室内混响"音频效果

自不同方向的声音包围的感觉,增强声音的环境气氛。单击"编辑"按钮,打开"剪辑效果编辑器"对话框,在"预设"中,有十分丰富的预设环境可供用户选择,包括"中央舞台""在教堂中""大厅""音乐会维度"等,如图 4-119 所示。

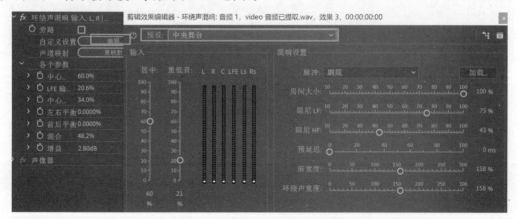

图 4-119　"环绕声混响"音频效果

4.7 输出数字音视频文件

数字音视频制作完成,预览满意后,就可以输出视频作品了。输出的格式将直接影响视频画面的质量和文件的容量。在 Premiere 2020 中,内置了丰富的视频格式以满足用户的不同需求。选择"文件"→"导出"→"媒体"命令,即弹出如图 4-120 所示的对话框。首先,选择需要导出的文件格式。现今,主流的视频文件格式包括 AVI、H.264、MOV、QuickTime、MPEG 和 Windows Midea 等。另外,用户还可以将视频导出为 GIF 动画或静态图片。

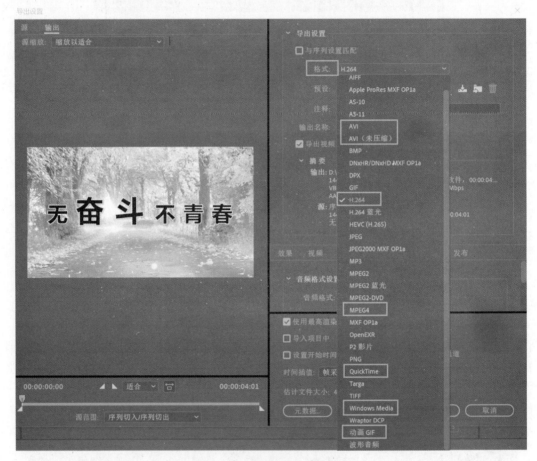

图 4-120 输出视频的格式

确定文件的输出格式后,再查看"导出设置"的其他选项,如图 4-121 所示。

"格式":选择输出的文件格式。

"输出名称":输出文件的位置及文件名称。通常情况下,同时勾选"导出视频"和"导出音频"复选框。

"音频格式设置":默认音频格式为 AAC,也可以选择 MPEG。AAC(Advanced Audio Coding。高级音频编码技术)是基于 MPEG-2 的音频编码技术,音质高于 MPEG。

"使用最高渲染质量":勾选"使用最高渲染质量"复选框以保证获得高质量的视频文件。

"导出"：设置完成后，单击"导出"按钮即可导出文件。

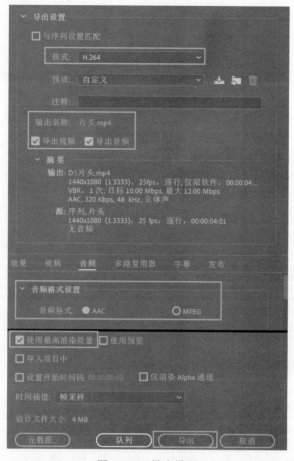

图 4-121　导出设置

第 5 章　Adobe After Effects影视后期

微课视频

5.1　After Effects 概述

After Effects(AE)是美国 Adobe 公司出品的影视合成与特效制作软件,在当前影视后期行业中,是最常用的后期制作软件之一。After Effects 适用于电视包装、影视制作、创意视频制作、MG 动画、UI 动效、网页设计等多个领域。

5.1.1　常用基本术语

在学习 AE 软件之前,需要先了解一些关于 AE 的基本术语,以及与 AE 相关的基础知识。

1. 帧

帧——影像动画中最小单位的单幅影像画面,相当于电影中的每一格镜头。一帧,就是一幅静止的画面,多个连续的帧运动起来从而形成视觉上的动画效果。如连环画,一张张人物的动作,经过快速翻页,就能连接起来形成动画。普通电影每秒有 24 帧画面,也有一些特殊的影片,每秒是 15 帧或 25 帧等。

2. 关键帧

关键帧是指一个角色或物体,在运动和变化中的关键动作所处的那一帧。图 5-1 中的齐天大圣有四个关键动作,由这四个动作连接起来就会形成他的全部运动效果,这四个动作就是这个运动的关键帧。

在传统动画制作中,需要把每一帧的画面绘制出来,才能够连接成一段完整的动画。而在 AE 动画制作中,用户只需把一个运动的两个关键点找到,添加关键帧,软件自动计算生成两个关键帧之间的过渡动画,形成自然流畅的动画效果。因此,使用 AE 能够大大提高动画创作的效率和质量。

图 5-1　关键帧动作

3. 动画

动画是一种综合艺术,集合了绘画、电影、数字媒体、摄影、音乐、文学等众多艺术门类于一身的艺术表现形式。"动画"的范围十分广泛,不仅是指日常生活中常见的动画作品,还包括一些会动的特效,都属于动画的范畴。值得一提的是,动画是一门非常年轻的艺术,它是目前唯一有确定诞生日期的一门艺术。1892 年 10 月 28 日,埃米尔·雷诺首次在巴黎蜡像馆向观众放映光学影戏,标志着动画的诞生。埃米尔·雷诺被誉为"动画之父"。

4. 帧速率 FPS

FPS 指帧速率,是视频每秒播放的帧数,每秒播放的帧数越多,动画就越自然流畅,相应的文件容量也越大。反之,帧速率越低,画质就越粗糙,画面甚至会出现停顿感,也就是平常所说的播放起来有卡顿。比较常用的帧速率有 15FPS、24 FPS 和 30 FPS,用户也可以根据实际需要来设置视频的帧速率。

5. 常见的视频格式

(1) MP4:最常见的一种格式,是一套基于音频、视频信息压缩编码标准的格式,当下比较流行。

(2) AVI:AVI 格式是微软公司研发的一种视频格式,是历史最悠久的视频格式之一。

(3) MOV:MOV 格式是 Apple 公司用于 macOS 系统的一种视频格式,是 QuickTime 图像视频处理软件自带的一种格式。在学习 AE 的过程中,由于 MOV 格式与 AE 的配合较好,故 MOV 是使用最多的一种视频格式。在使用该格式时,可以安装与其匹配的 QuickTime 播放器,逐帧播放视频画面,有利于视频的制作。通常先输出 MOV 视频格式,也可以根据需要,再转换成其他格式。

(4) WMV:WMV 格式是微软公司推出的一种视频格式。它的优点包括可扩充的媒体类型,可本地或网络回放;可伸缩的媒体类型,具有多语言支持,拓展性强等特点。

(5) MKV:MKV 格式是一种网络视频格式,视频的编码自由度非常大。

6. 比特率

比特率又称码率,是每秒传送的比特数,单位为 b/s,它影响着视频的品质和文件的容量。比特率越高,每秒传送的数据越多,画质越清晰,文件的容量越大。反之,每秒传送的数据越少,画质越模糊,文件的容量越小。虽然比特率和帧速率都会影响动画品质和文件容量,但两者是完全不同的概念,应注意区分。

7. 格式转换

在视频制作过程中,视频文件的格式转换是经常遇到的问题。通常需下载并安装用于多媒体文件格式转换的软件,格式工厂(Format Factory)是一款比较推荐的多媒体格式转换软件。

5.1.2　认识 Adobe After Effects CC 的工作界面

AE 由多个重要的面板构成,每个面板具有不同的功能,这些面板相互配合,共同构建了 AE 的界面。AE 的工作界面以及窗口布局介绍如下。

1. 菜单栏

AE 一共有 9 个菜单,分别为"文件""编辑""合成""图层""效果""动画""视图""窗口""帮助",如图 5-2 所示。打开"文件"菜单,可以执行新建项目、打开项目、打开最近的文件、关闭项目、增量保存、导入、导出素材和项目设置等操作。

打开"编辑"菜单,可以进行复制、粘贴、拆分图层、提取工作区域、首选项设置等操作,如图 5-3 所示。

219

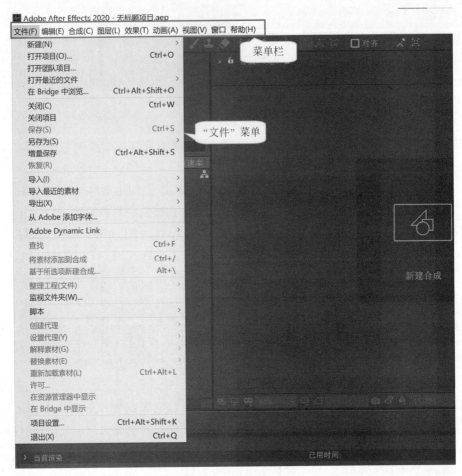

图 5-2　"文件"菜单

　　打开"合成"菜单,可以执行新建合成、合成设置、添加到渲染队列、添加输出模块,以及合成的其他相关操作,如图 5-4 所示。

　　"图层"菜单主要包括不同图层的设置、蒙版和路径的绘制,以及混合模式等设置,如图 5-5 所示。

　　使用"效果"菜单可以添加各种不同的效果,如风格化、过渡、过时、抠像、模糊和锐化、扭曲、杂色和颗粒等,如图 5-6 所示。

　　"动画"菜单主要用于对关键帧和动画曲线进行调整,以及跟踪摄像机的设置,在 AE 中被频繁使用,如图 5-7 所示。

　　"视图"菜单主要提供常用的辅助操作,包括视图比例调整、显示标尺、显示参考线等各种辅助工具,为图形制作提供便利,如图 5-8 所示。

　　"窗口"菜单主要用于调整 AE 的显示界面,用户可以根据实际需要,对界面中的各面板做出相应的显示或隐藏操作。在"窗口"菜单中显示勾选状态的,即已显示在 AE 界面中。如果用户需要使用还未显示的面板,可直接勾选相应的面板,即显示在 AE 界面中,可以正常使用,如图 5-9 所示。

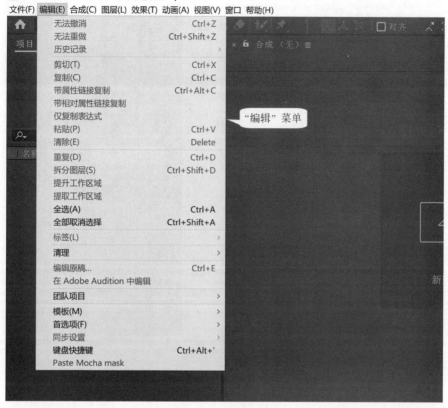

图 5-3 "编辑"菜单

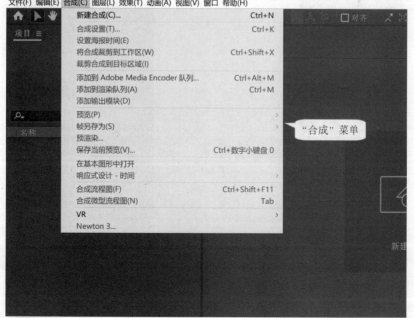

图 5-4 "合成"菜单

第5章 Adobe After Effects影视后期 ◀◀◀

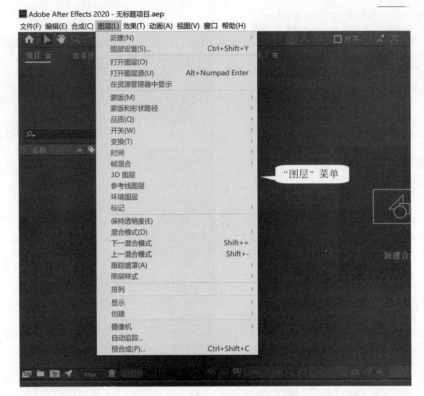

图 5-5 "图层"菜单

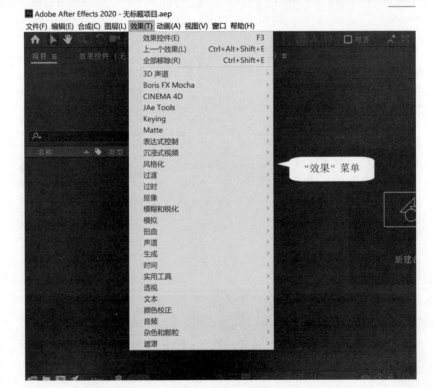

图 5-6 "效果"菜单

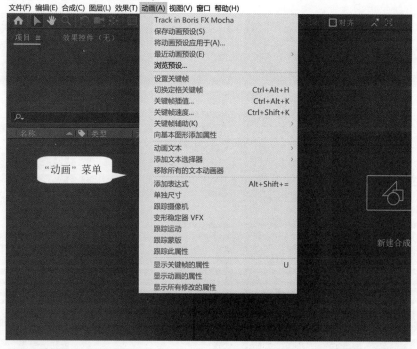

图 5-7 "动画"菜单

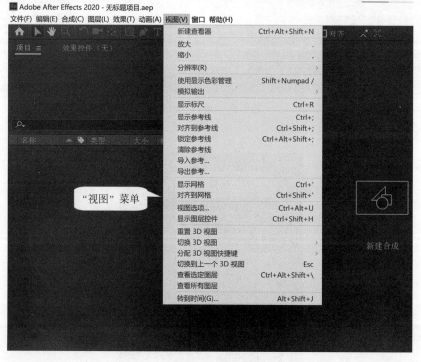

图 5-8 "视图"菜单

如果暂时不需要使用"字符"面板,可在"窗口"菜单中取消勾选,将其隐藏起来。当用户需要使用时,可在"窗口"菜单中再次勾选使其显示即可。另外,这些面板都是可以浮动的,

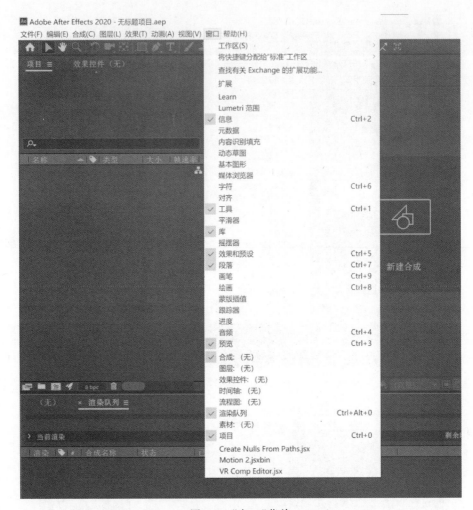

图 5-9 "窗口"菜单

用户可根据需要灵活调整其位置和大小,如图 5-10 所示。

图 5-10 "字符"面板

在 AE 实操过程中，如果用户不小心打乱了窗口的布局，导致界面杂乱无章，可选择"窗口"→"工作区"→"标准"命令，恢复 AE 界面至默认的标准工作界面，如图 5-11 所示。在熟练应用 AE 后，用户也可以根据视频制作需求，自由布局界面。

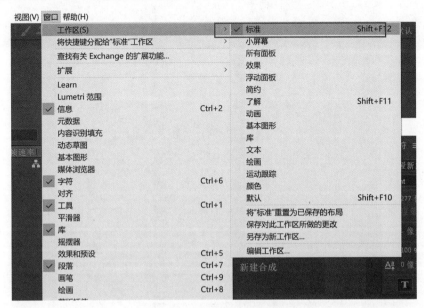

图 5-11　恢复标准工作界面

2. 工具栏

工具栏位于菜单栏下方，功能十分强大，掌握各工具的准确使用，对视频制作起着关键作用。工具栏包含主页、选取工具、手形工具、缩放、旋转、撤销、摄像机、矩形工具、钢笔工具和文字工具等，如图 5-12 所示。

图 5-12　工具栏

3. 项目面板

"项目"面板位于 AE 界面的最左边。在创作过程中，每个项目的相关素材文件需先导入后才能使用，导入后的素材都显示在"项目"面板中，如图 5-13 所示。

在 AE 中，导入素材的常用方法有两种。方法一：在"项目"面板中双击鼠标左键，再选择需要导入的文件。方法二：选择"文件"→"导入"命令，再选择相应的素材文件，如图 5-14 所示。

4. 合成窗口

在 AE 界面的中间有一块视频合成窗口，也可理解为查看器窗口，用户可通过合成窗口查看正在制作的视频效果，即正在合成的视频画面，如图 5-15 所示。

图 5-13   "项目"面板

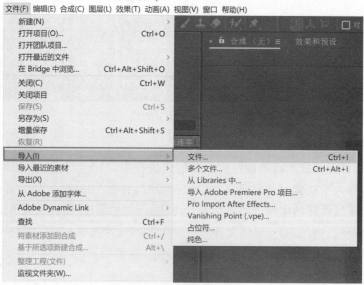

图 5-14   导入素材

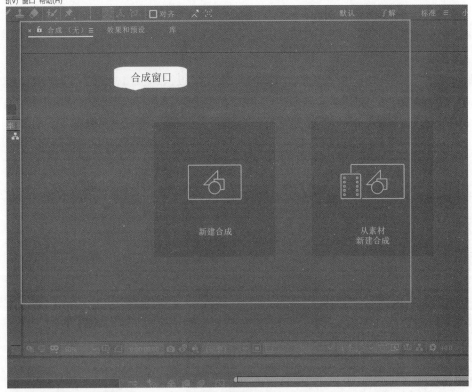

图 5-15 合成窗口

5. 时间轴面板

在合成窗口的下方,是最常用的"时间轴"面板。"时间轴"面板由两个部分构成,左边是"图层"面板,用户将相关素材剪辑置于"图层"面板后再进行相应的编辑和操作;右边是"时间"面板,"时间"面板的最小单位是帧,显示视频播放中不同的时间点,用户可在相应的时间点实施编辑动画、添加特效等各种操作。"时间轴"面板如图 5-16 所示。

图 5-16 "时间轴"面板

在"时间轴"面板中进行特效制作时,需要注意以下三个关键点。

(1) 对谁做,指需要做特效的图层。

(2) 做什么样的动画效果。例如,位移、大小缩放、淡入淡出等,需要在"时间轴"面板中对图层执行具体操作。

（3）实现的效果。无论做什么动画特效，只有参数发生变化，画面才会产生变化，同时需要在合成窗口及时观察视频的效果。

6. 属性面板

AE界面的右侧一般显示一些常用的功能性面板，也称属性面板。字符面板、效果和预设、段落、预览、跟踪器、音频等都是比较常用的属性面板，如图5-17所示。

在属性面板的右上角，单击 ⏵⏵ 按钮，可打开AE提供的默认预设面板，默认的预设面板显示一些常用功能面板，如动画的界面预设、基本图形的界面预设、颜色的界面预设、效果的界面预设和文本的界面预设等，都是以某一功能为主要目的而设置的界面预设，如图5-18所示。

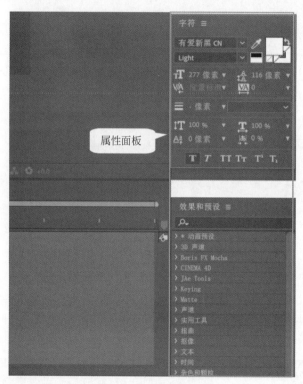

图 5-17　属性面板

图 5-18　预设面板

微课视频

5.2　创建与管理项目

5.2.1　创建新项目

在视频制作前，应先创建一个新项目文件，然后再导入文件素材，建立合成，对合成进行设置。

第1步：选择"文件"→"导入"→"文件"命令，选择准备好的素材文件，如图5-19所示。

第2步：单击导入的图片素材，并将其拖到下方合成的图标 处，建立一个基于该素材所创建的合成，如图5-20所示。

第3步：对合成的属性进行设置。在菜单中选择"合成"→"合成设置"命令，修改合成

Adobe After Effects 2020 - 无标题项目.aep

文件(F) 编辑(E) 合成(C) 图层(L) 效果(T) 动画(A) 视图(V) 窗口 帮助(H)

新建(N)	＞
打开项目(O)...	Ctrl+O
打开团队项目...	
打开最近的文件	＞
在 Bridge 中浏览...	Ctrl+Alt+Shift+O
关闭(C)	Ctrl+W
关闭项目	
保存(S)	Ctrl+S
另存为(S)	＞
增量保存	Ctrl+Alt+Shift+S
恢复(R)	
导入(I)	＞
导入最近的素材	＞
导出(X)	＞
从 Adobe 添加字体...	
Adobe Dynamic Link	＞
查找	Ctrl+F
将素材添加到合成	Ctrl+/
基于所选项新建合成...	Alt+\
整理工程(文件)	＞
监视文件夹(W)...	
脚本	＞

导入子菜单:
文件...	Ctrl+I
多个文件...	Ctrl+Alt+I
从 Libraries 中...	
导入 Adobe Premiere Pro 项目...	
Pro Import After Effects...	
Vanishing Point (.vpe)...	
占位符...	
纯色...	

图 5-19　导入素材文件

图 5-20　建立合成

的名称,并将合成的"宽度"和"高度"设置为 1920px×1080px,"画面长宽比"为 16∶9,"帧速率"默认为 24 帧,"持续时间"设置为 10 秒,单击"确定"按钮,即可完成新合成的创建与设置,如图 5-21 所示。

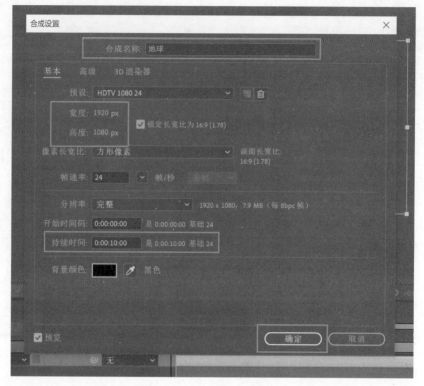

图 5-21　合成设置

5.2.2　项目的管理

完成新合成的创建与基本设置后,即进入 AE 项目的管理环节。

第 1 步:给图片素材添加一个球形特效。在 AE 右边的属性面板中找到"效果和预设"功能面板,搜索 CC Sphere 效果,如图 5-22 所示。

第 2 步:单击选中 CC Sphere 效果,并将其拖曳至素材图片图层,即为图片素材添加了球形特效,如图 5-23 所示。

球形特效添加成功后,在"效果控件"面板显示 CC Sphere 效果的相关属性,用户可根据需要设置球形特效的参数,如图 5-24 所示。

图 5-22　球形特效

第 3 步:调整球形特效的相关参数,将球形半径 Radius 更改为 300.0;渲染模式 Render 更改为 Full,即完全渲染;可适当调整灯光强度 Light Intensity、灯光颜色 Light Color、灯光高度 Light Height 和灯光方向 Light Direction 等参数,如图 5-25 所示。

第 4 步:为地球添加旋转的动画效果。在"时间轴"面板中,将时间线拖动至 0 秒处,打开 Rotation 选项,在 Rotation Y 轴旋转处,单击"切换动画"按钮 添加地球旋转属性的关键帧,如图 5-26 所示。

第 5 步:选中素材,按键盘上的 U 键,显示该图层的所有关键帧, 这个蓝色图标就

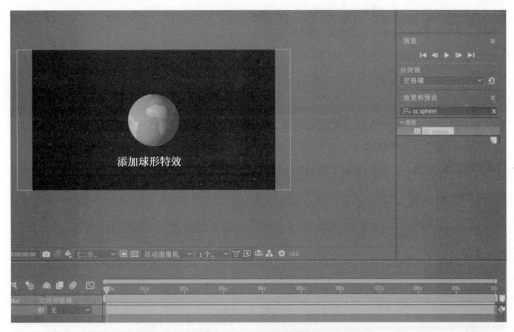

图 5-23　添加球形特效

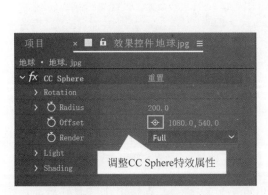

图 5-24　特效属性面板

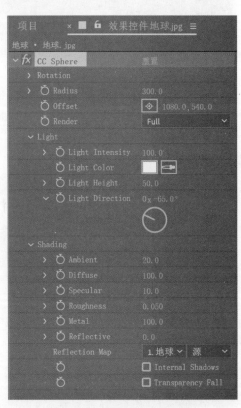

图 5-25　调整球形特效参数

是上一步所添加的关键帧,如图 5-27 所示。需要注意的是,只有在英文输入状态下,这些快捷键才有效。

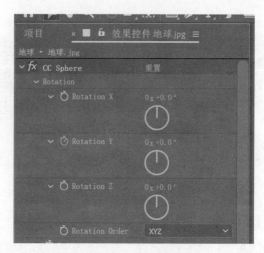

图 5-26   K 关键帧

图 5-27   显示关键帧

第 6 步:时间线移动至 6 秒处,将 Rotation Y 轴旋转的参数更改为 360°,6 秒位置处即自动添加一个关键帧,如图 5-28 所示。单击"切换动画"按钮 ⊙ 并改变参数值,表示添加一个关键帧,按钮变为蓝色。当不需要该关键帧时,再次单击"切换动画"按钮即可删除关键帧。

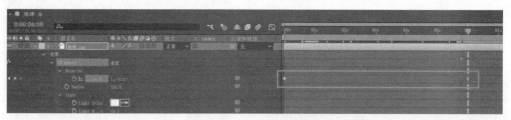

图 5-28   6 秒处添加关键帧

这样,两个关键帧之间就形成了地球旋转的动画。单击"播放"按钮,可在"合成"窗口查看动画的效果,如图 5-29 所示。

5.2.3 保存项目

完成动画的制作后,还需对视频的入点和出点进行设置。入点是工作区域开始的一个点,可理解为视频开始的时间点;出点是工作区域结束的一个点,可理解为视频结束的时间点。素材上方的灰色长条表示目前的工作区域,在视频渲染时,只会渲染工作区域内的画面。例如,工作区域所处位置是 0~10 秒区间,则渲染的视频为 0~10 秒;如果需要 0~6

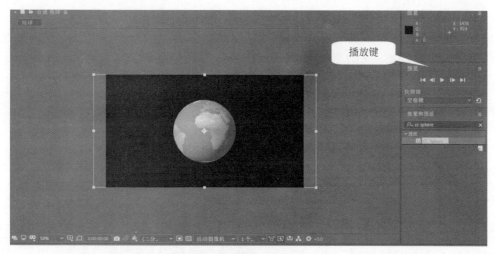

图 5-29　查看动画效果

秒的视频,则应在渲染前把工作区域调整至 0～6 秒,如图 5-30 所示。

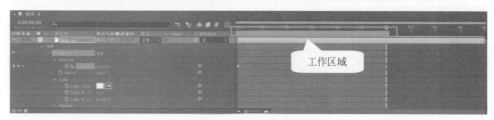

图 5-30　调整工作区域

调整工作区域有以下两种方法。

(1) 手动拖曳调整,缩短或拉长工作区域的区间。

(2) 通过快捷键进行调整。先把时间线拖动到计划开始的时间点,按快捷键 N 键自动调整;同理,再把时间线拖动到计划结束的时间点,按快捷键 N 键完成自动调整。

在 AE 界面右侧的"预览"工程面板中,单击"播放"按钮,即可预览当前视频的效果,如图 5-31 所示。

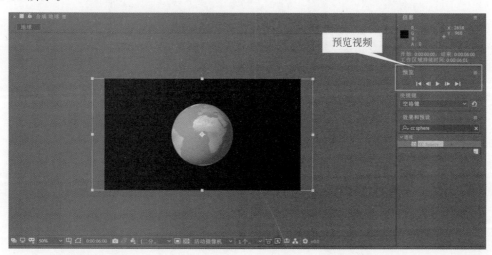

图 5-31　预览视频

233

完成预览后,如果不需要再作修改,就可以渲染输出该视频。单击"文件"→"导出"→"添加到渲染队列"命令,即把视频添加到渲染队列中,对应的组合键为 Ctrl+M,如图 5-32 所示。

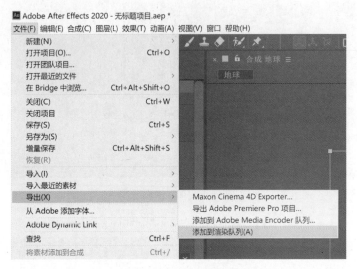

图 5-32 添加到渲染队列

单击"输出模块",弹出"输出模块设置"对话框,将输出的视频格式更改为 QuickTime,QuickTime 是最常用的视频文件格式之一,再单击"确定"按钮,如图 5-33 所示。

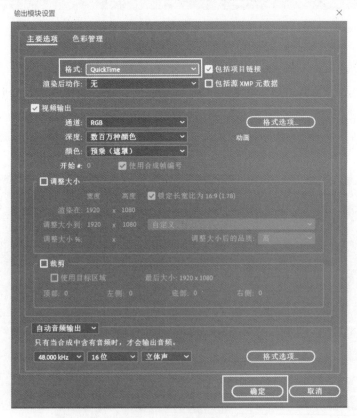

图 5-33 输出模块设置

单击"输出到"命令,弹出"将影片输出到"对话框,选择输出的目标文件夹,并更改文件名称为"地球",再单击"保存"按钮,完成输出设置,如图 5-34 所示。

图 5-34　输出位置设置

最后,单击"渲染"按钮,蓝色进度条表示渲染的进度,渲染完成即完成视频的输出,如图 5-35 所示。

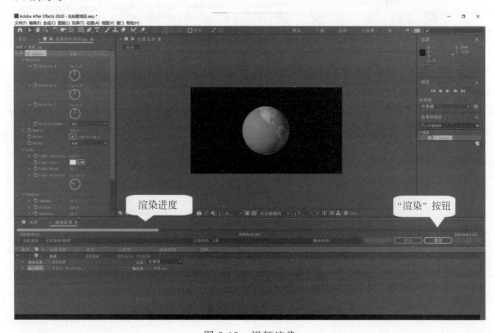

图 5-35　视频渲染

5.3　关键帧动画和技法

5.3.1　关键帧的基本操作

本节通过一个实例,进一步学习关键帧的应用与基本操作方法。

微课视频

第 1 步：打开 AE,选择"合成"→"新建合成"命令,合成尺寸设置为 1920px×1080px,持续时间为 5s,单击"确定"按钮,如图 5-36 所示。

图 5-36　新建合成

第 2 步：在工具栏中选择形状工具组中的工具,默认为"矩形工具"。单击鼠标左键并向右拖动,可以切换选用其他几个工具,分别为"圆角矩形工具""椭圆工具""多边形工具""星形工具",如图 5-37 所示。选择"椭圆工具",在绘制椭圆时,同时按住 Shift 键,即可绘制一个正圆,默认为白色。

图 5-37　形状工具

第 3 步：利用绘制的圆形讲解关键帧的基本操作。在进行关键帧动画操作前,需先调整图形的中心点,即锚点。选择工具栏中的"锚点工具" ，手动把"锚点"移动至圆形的中心位置,圆形就会以该点为中心进行运动。在日常操作中,为使某个对象围绕某一点运动,只需将"锚点"置于相应的位置即可,如图 5-38 所示。

第 4 步：制作圆形位移的动画效果,即添加位移关键帧。单击打开该图层,展开"变换"选项,包含锚点、位置、缩放、旋转、不透明度等属性,每个属性左侧都有一个"切换动画"按钮 ，通过添加关键帧实现动画的制作,如图 5-39 所示。

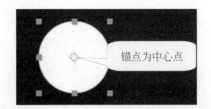

图 5-38　设置锚点

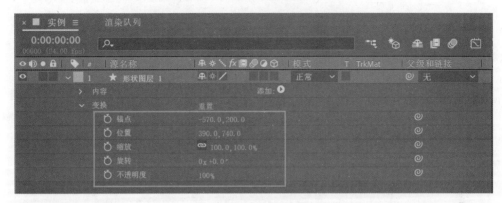

图 5-39　图层"变换"属性

　　将时间轴移动到 0 秒处,单击"位置"左侧的"切换动画"按钮 ,即在 0 秒处添加了"位置"属性的关键帧,如图 5-40 所示。

图 5-40　位移关键帧 1

　　将时间轴移动到 1 秒处,鼠标指针拖曳圆形至舞台右上方,改变圆形的位置坐标,此时会自动添加一个关键帧。至此,圆形已经有了简单的位移动画效果,如图 5-41 所示。

　　第 5 步:制作大小缩放的动画效果。与位移动画效果的操作方法类似,先将时间轴移动至 1 秒处,单击"缩放"左侧的"切换动画"按钮 ,即在 0 秒处添加了"缩放"属性的关键帧;把时间轴移动到 1.5 秒处,将"缩放"参数值更改为 150.0,也可以在舞台上直观地调整圆形的大小;再把时间轴移动到 2 秒处,将圆形的"缩放"参数值设为 100.0,即变回初始大小。这样,圆形的缩放动画效果就完成了,如图 5-42 所示。

　　第 6 步:制作旋转动画效果。将时间轴移动至 3 秒处,添加"旋转"属性的关键帧;再把时间轴移动到 4 秒处,将"旋转"角度更改为 360°。这样,圆形就围绕着中心点顺时针旋转一圈,如图 5-43 所示。

　　第 7 步:应用"不透明度"属性,制作圆形逐渐淡出的动画效果。图形默认的"不透明

237

图 5-41　位移关键帧 2

图 5-42　缩放动画

图 5-43　旋转动画

度"为 100,即正常显示。首先,在 0 秒处添加了"不透明度"属性的关键帧,参数值默认;将时间轴移动至 5 秒处,"不透明度"值更改为 0。即可以看到圆形逐渐变透明直至消失的动画效果,如图 5-44 所示。

　　单击"播放"按钮,预览圆形的动画效果,包含位移、放大缩小、旋转、淡出的动画过程,这些都是关键帧的基本操作。关键帧的基本变换属性也有对应的快捷键,选中图层:

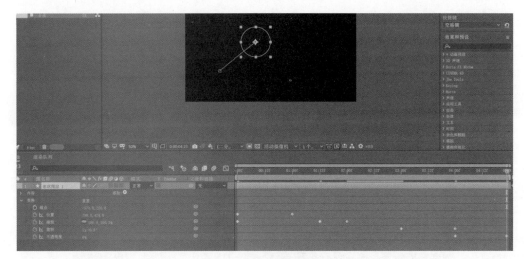

图 5-44　不透明度动画

A 键——显示锚点,P 键——显示位置,T 键——不透明度,S 键——缩放,R 键——旋转。

5.3.2　关键帧的辅助功能

在制作动画和特效时,关键帧的辅助功能十分常用,它们对动画的节奏和效果能起到画龙点睛的作用。下面介绍几个实用的关键帧辅助功能。

1. 缓动

选择目标关键帧,右击,选择"关键帧辅助"→"缓动"命令,如图 5-45 所示,可以给动画添加先缓入再缓出的动画效果。

图 5-45　缓动

2. 缓入

选择目标关键帧,右击,选择"关键帧辅助"→"缓入"命令,如图 5-46 所示,可以给动画添加一个由快变慢的缓入效果。

240

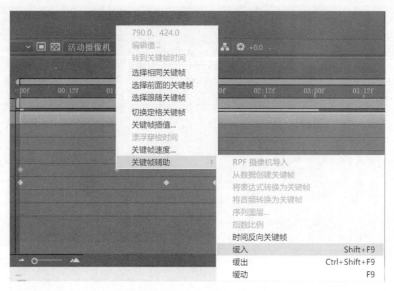

图 5-46 缓入

3. 缓出

选择目标关键帧,右击,选择"关键帧辅助"→"缓出"命令,如图 5-47 所示,可以给动画添加一个由慢变快缓缓出现的效果。

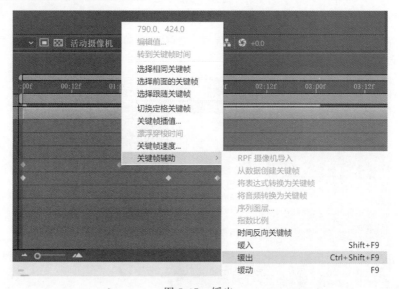

图 5-47 缓出

4. 定格关键帧

选择图层中的目标关键帧,右击,选择"切换定格关键帧"命令,如图 5-48 所示。对每个关键帧都执行相同的操作,这样关键帧就被冻结了,形状图层只会在这一帧作停留,就形成了定格动画效果。

5. 动画图表编辑器

每个动画都有其相应的运动曲线,使用鼠标左键单击选中动画中的关键帧,单击"图表编辑器"图标,即可打开动画图表编辑器,如图 5-49 所示。

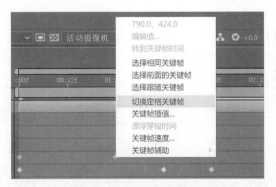

图 5-48　切换定格关键帧

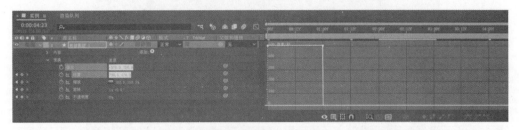

图 5-49　动画图表编辑器

在动画图表编辑器中,可以编辑动画运动的曲线。右击,勾选"编辑速度图表",它是制作动画时最常用的一个图表。在调整动画时,首先要调整速度,即运动的曲线,可以调出动画的节奏感,如图 5-50 所示。

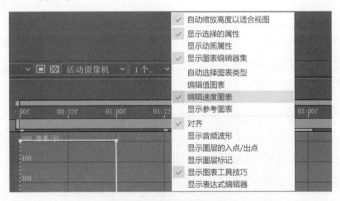

图 5-50　编辑速度图表

在日常动画制作过程中,使用动画图表编辑器,可以更好地调整动画的速度与节奏。

5.3.3　关键帧动画应用案例

掌握了关键帧的基本操作方法和技巧后,就可以进入动画案例的实践与应用了。本动画案例使用关键帧的基本运动,包括缩放、旋转、位移等基本属性,制作出实用的动画效果。在现实生活中,许多动画都通过这些基本运动来实现,若能将基本运动应用好,并发挥个人丰富的想象力,把握好动画节奏,就可以制作出丰富的动画效果。

在制作动画前,需先准备好相关的动画素材,如动画场景的搭建、角色和背景素材等。

241

用户可以选用网络素材进行动画的制作,也可以使用 Photoshop 设计和绘制素材,再将 psd 文件导入 AE 中进行动画的制作合成。本案例的具体步骤如下。

(1) 打开 AE,单击"合成"→"新建合成"命令,尺寸设置为 1280px×720px,持续时间为 5s,单击"确定"按钮,如图 5-51 所示。

图 5-51　合成设置

(2) 单击"文件"→"导入"→"文件"命令,选择准备好的素材文件,此时弹出对话框,选择"合成-保持图层大小"选项,在"图层选项"中选择"可编辑的图层样式",该选项可使每个素材保持原始的尺寸大小。单击"确定"按钮,如图 5-52 所示。

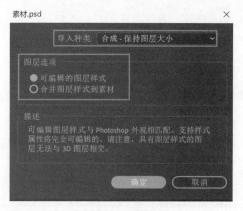

图 5-52　素材导入

(3) 单击导入的素材文件,并将其拖入已建好的合成中,如图 5-53 所示。

(4) 在制作动画前,应根据动画的目标效果来调整素材的中心点。例如,要制作四叶草摇摆的动画效果。为便于操作,可先使该四叶草图层单独显示。单击图层前 ⬤ 图标,即可单独显示该图层,如图 5-54 所示。

图 5-53　素材显示

图 5-54　素材单独显示

（5）使用工具栏中的"锚点工具"，调整各图层对象的中心点。四叶草的叶子应围绕着根部进行摇摆，故需将四叶草的中心点调整至其根部，如图 5-55 所示。

（6）使用相同的操作方法，根据素材动画的运动规律，依次对各个素材的中心点进行调整，如图 5-56 所示。

图 5-55　四叶草中心点调整

图 5-56　各个素材中心点调整

（7）制作四叶草的缩放动画。选择四叶草图层，按快捷键 S 键打开"缩放"属性，单击"缩放"属性左边的"切换动画"按钮，添加一个关键帧。再选中该关键帧，将其移动至时间轴 0.5 秒位置处，如图 5-57 所示。

图 5-57　四叶草动画 1

243

(8) 将时间轴移动至 0 秒处,"缩放"属性值更改为 0.0,即形成一个缩放的动画效果,如图 5-58 所示。

图 5-58　四叶草动画 2

(9) 制作其他植物类似的缩放效果,可以通过复制关键帧的方式来实现。同时,选中两个关键帧,使用 Ctrl+C 组合键进行复制,再单击选择需要添加动画的图层,使用 Ctrl+V 组合键进行粘贴,即完成复制关键帧的操作,如图 5-59 所示。

图 5-59　缩放效果动画

(10) 显示所有关键帧的快捷键是 U 键。选择所有图层并按 U 键,显示出上一步复制的所有关键帧。适当调整这些关键帧的位置,制作出错落分布的动画效果,如图 5-60 所示。

(11) 单击选中兔子图层,双击打开该合成,如图 5-61 所示,为制作动画做准备。

(12) 制作兔子眨眼睛的动画效果。

① 选择眼睛图层,按 S 键打开缩放,按 ⏱ 图标添加关键帧,如图 5-62 所示。

② 单击缩放前的"链接"图标 🔗,关闭长宽按比例缩放链接,时间轴向前移动,将 Y 轴参数值更改为 0.0,再将时间轴向前移动,Y 轴参数值更改为 100.0,完成兔子眨眼睛的动画效果,如图 5-63 所示。

③ 使用相同的操作方法,制作兔子右眼眨动的动画效果,如图 5-64 所示。

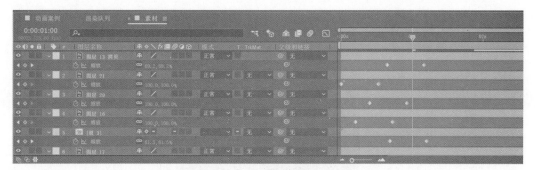

图 5-60　关键帧错落分布

图 5-61　兔子合成

图 5-62　兔子眼睛动画 1

图 5-63　兔子眼睛动画 2

图 5-64　兔子眼睛动画 3

245

(13) 制作兔子耳朵旋转的动画效果。

① 选择耳朵图层,根据耳朵的运动情况,将中心点调整至耳朵的根部,如图 5-65 所示。

图 5-65　兔子耳朵动画 1

② 制作兔子耳朵旋转的动画,单击选中耳朵图层,按快捷键 R 键打开旋转属性,添加关键帧,如图 5-66 所示。

图 5-66　兔子耳朵动画 2

③ 将时间轴向后移动,耳朵向内旋转,再恢复原状,就形成了耳朵旋转的动画。将该动作的 3 个关键帧再复制粘贴一遍,则动画循环两次,如图 5-67 所示。

图 5-67　兔子耳朵动画 3

④ 使用相同的方法,制作兔子右耳旋转的动画效果,如图 5-68 所示。

图 5-68　兔子耳朵动画 4

(14) 添加兔子旋转的动画效果。

① 将时间轴移动至兔子出现位置,按 R 键打开"旋转"属性,添加关键帧。再将时间轴向前移动,适当调整"旋转"属性的参数,如图 5-69 所示。

② 将上一步兔子旋转动画的关键帧,复制给其他兔子,即可完成所有兔子旋转的动画

图 5-69　兔子旋转动画

效果。此时,兔子的基本动画已经制作完成。可以发现,在 AE 中,就是通过这样一个个关键帧的制作和调整实现动画的创作。把握好动画的节奏,可以使画面更加自然平滑。

（15）安装 Motion 2 脚本。

① 为使动画更加生动,可以添加一个弹性效果。首先,需要安装 Motion 2 脚本。单击选中脚本,按 Ctrl＋C 组合键复制该脚本,打开计算机中 AE 程序的安装位置,选择脚本目录 Scripts,打开 ScriptUI panels 文件夹,按 Ctrl＋V 组合键粘贴脚本即可完成安装,如图 5-70 所示。脚本的应用可以大大提高制作动画的效率和质量。

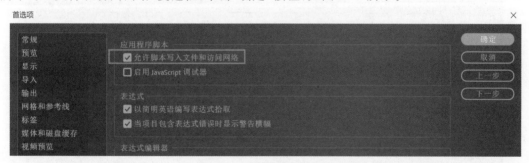

图 5-70　AE 脚本安装 1

② 脚本安装完成后,单击菜单栏"编辑"→"首选项"→"脚本和表达式"命令,勾选"允许脚本写入文件和访问网络"复选框,单击"确定"按钮,如图 5-71 所示。

图 5-71　AE 脚本安装 2

③ 单击菜单栏"窗口"→Motion 2 命令,即可打开脚本,如图 5-72 所示。

（16）添加弹性动画效果。

① 以四叶草为例,选中动画的关键帧,单击 ![EXCITE]图标,即可添加弹性效果。为获得更好的动画效果,在"效果控件"面板中适当调整弹性参数,弹性大小 Overshoot 更改为 10.00,缩放频率 Bounce 更改为 20.00,速度 Friction 更改为 60.00,弹性效果将更加自然,如图 5-73 所示。

② 使用相同方法为其他关键帧添加弹性动画效果,并适当调整参数。

（17）合成动画的场景。单击菜单栏"文件"→"导入"→"文件"命令,选择背景素材导入,并适当调整其大小,如图 5-74 所示。

247

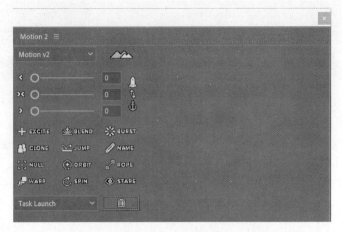

图 5-72　Motion 2 脚本

图 5-73　弹性参数调整

图 5-74 动画场景合成

　　(18)渲染导出视频即完成该动画案例的制作。本案例主要运用建立关键帧的方式来制作动画,同时使用了脚本 Motion 2 中的弹性功能,使动画效果更加生动自然。

5.4 蒙版遮罩的运用

5.4.1 蒙版遮罩概述

在 AE 中,如果需要透明背景的素材,可以使用蒙版保留局部图像,而使其他区域透明化,是合成制作中常用的方法,也是 AE 处理多素材合成的一大优势。AE 的轨道遮罩功能是通过一个图层的 Alpha 通道或亮度值定义其下方图层的透明区域。上方图层为遮罩功能,图层的显示状态为关闭;下方图层应用遮罩显示出部分内容,也可以通过"反转"选项来显示。

图层模式也称图层的混合模式或传递模式,用于控制当前图层如何与其下方图层的混合或交互。AE 中的图层混合模式与 Adobe Photoshop 中的图层混合模式原理相同。使用图层混合模式可以将图层之间以不同的颜色、亮度或 Alpha 通道方式进行混合显示。

5.4.2 蒙版遮罩的功能

首先,建立一个新合成,导入素材,添加文字,应用蒙版遮罩功能实现文字的特殊效果。蒙版遮罩功能可以使用工具栏中的 ▦ 图标或其他形状、文字等,进行调节设置,从而达到各种特殊效果。若需要使合成中的图片,仅在文字中显示,则添加一个文字蒙版遮罩,如图 5-75 所示。

图 5-75 文字蒙版遮罩建立

单击图片图层的 无 ⌄ 图标,打开遮罩属性,包含 4 种不同的遮罩方式,分别为Alpha 遮罩、Alpha 反转遮罩、亮度遮罩和亮度反转遮罩,如图 5-76 所示。

下面分别介绍这 4 种遮罩方式的遮罩特点。

（1）Alpha 遮罩。

选择"Alpha 遮罩"选项,下方图层的画面以文字为蒙版,仅在文字的形状区域内显示画面,区域外被隐藏,如图 5-77 所示。

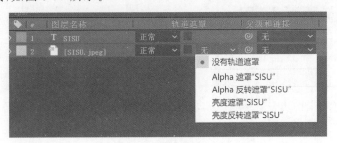

图 5-76　4 种遮罩形式

（2）Alpha 反转遮罩。

选择"Alpha 反转遮罩"选项,仅在文字的形状区域外显示画面,而文字区域内被隐藏,如图 5-78 所示。

图 5-77　Alpha 遮罩效果　　　　　　　　图 5-78　Alpha 反转遮罩效果

（3）亮度遮罩。

为实践亮度遮罩与亮度反转遮罩的效果,需制作一个素材。首先,右键单击,选择"新建"→"纯色"命令,新建一个纯色图层,如图 5-79 所示。

图 5-79　添加纯色图层

选择"效果"→"杂色和颗粒"→"分形杂色"命令,将"对比度"参数调整为 200.0,增强亮度与暗度的对比,如图 5-80 所示。

选择"亮度遮罩"选项,在白色即高亮区域显示下方图层的画面,而其余部分的画面被隐藏,如图 5-81 所示。

（4）亮度反转遮罩。

选择"亮度反转遮罩"选项,在暗的区域显示下方图层的画面,而其余部分的画面被隐藏,如图 5-82 所示。

接下来,通过形状工具绘制一个遮罩,进一步认识蒙版遮罩。

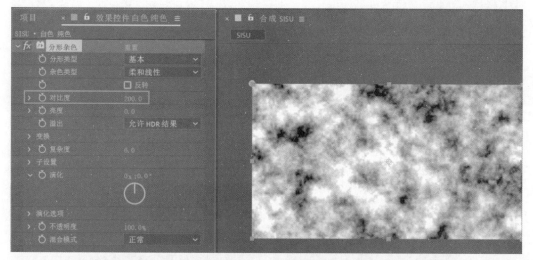

图 5-80　添加分形杂色效果

图 5-81　亮度遮罩效果

图 5-82　亮度反转遮罩效果

（1）绘制遮罩。

首先，在 AE 中新建一个纯色图层，选择"矩形工具" ▣ ，在纯色图层上绘制一个矩形，纯色图层仅在该矩形内部显示，如图 5-83 所示。

再使用"多边形工具"绘制一个多边形，生成一个新蒙版：蒙版 1 是矩形，蒙版 2 是多边形，如图 5-84 所示。

图 5-83　蒙版 1

图 5-84　蒙版 2

每绘制一个形状，就会生成一个新蒙版，用户可以对它们进行相加或相减的操作。例如，第一个蒙版更改为相减，则会在纯色中减去该矩形，如图 5-85 所示。若把第二个蒙版更改为相减，则会减去第二个多边形，如图 5-86 所示。

单击打开蒙版,包含4个蒙版属性,分别为蒙版路径、蒙版羽化、蒙版不透明度和蒙版扩展,如图5-87所示。接下来,重点分析蒙版的功能。

图5-85　遮罩演示3　　　　　　　　　　　图5-86　遮罩演示4

图5-87　蒙版功能

(2) 蒙版路径。

蒙版路径可以通过改变图形的路径形状来制作动画。例如,先对当前的形状添加关键帧,然后在下一个时间点,改变图形路径形状,就能形成路径变化的动画,如图5-88所示。

(3) 蒙版羽化。

蒙版羽化,即柔化模糊图形形状的轮廓边缘。羽化数值越大,柔化模糊程度越大;反之,柔化模糊程度则越小,如图5-89所示。

图5-88　蒙版路径　　　　　　　　　　　图5-89　蒙版羽化

(4) 蒙版不透明度。

通过调整"不透明度"参数,来改变蒙版的透明度效果,如图5-90所示。

(5) 蒙版扩展。

"蒙版扩展"属性用于改变、放大或缩小蒙版的形状。若想任意改变蒙版的形状,可以使用"钢笔工具"添加、删除锚点等方法改变路径的形状,如图5-91所示。

以上是蒙版遮罩功能的基本方法。在实际应用中,灵活使用蒙版遮罩功能可以制作出更多丰富的动画效果。

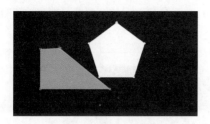
图 5-90 蒙版不透明度

图 5-91 蒙版扩展

5.4.3 蒙版遮罩应用案例

本节通过一个具体实例,应用蒙版遮罩制作文字遮罩特效。

第 1 步:导入素材,建立合成。

(1) 选择"文件"→"导入"→"文件"命令,将相关素材图片导入 AE,如图 5-92 所示。

图 5-92 导入素材

(2) 选择素材,将其移动至合成图标 📇 处,建立基于该素材生成的合成,如图 5-93 所示。

图 5-93 建立合成

（3）单击选择"合成"→"合成设置"命令，修改合成名称，时间设置为 10 秒，背景使用默认的黑色即可，单击"确定"按钮，如图 5-94 所示。

图 5-94　合成设置

第 2 步：文本动画制作。

（1）单击文字工具，为方便动画的制作，一个字符单独置于一个图层，并将其排列整齐，如图 5-95 所示。

图 5-95　新建文字

（2）选中所有字符图层，按快捷键 P 键，调出所有文字图层的"位置"属性，如图 5-96 所示。

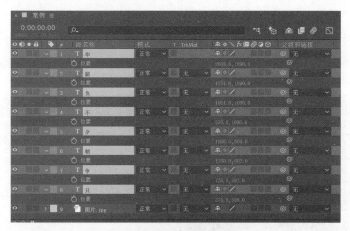

图 5-96　打开位置属性

（3）将时间轴移动至 1 秒处，添加"位置"关键帧，如图 5-97 所示。

图 5-97　位置关键帧 1

（4）将时间轴移动至 0 秒处，把字符逐个移动到舞台外，如图 5-98 所示。

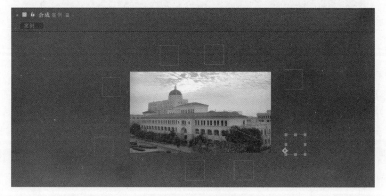

图 5-98　位置关键帧 2

预览画面,字符分别从舞台外移动到舞台中间,完成字符位移的动画。由于关键帧的运动曲线比较平直,故动画效果一般。为达到更自然的动画效果,可以通过调整关键帧运动曲线的方式,进一步优化动画。

第3步:优化动画效果。

(1)选中所有字符图层,按快捷键U键显示所有关键帧。选中所有字符图层关键帧并右击,选择"关键帧辅助"→"缓动"命令,添加缓入缓出的动画效果,如图5-99所示。

图 5-99　添加缓动效果

(2)单击"曲线编辑器"图标 ,打开曲线编辑器,选中曲线右端的点,使其向左移动,实现由快到慢的曲线变化,如图5-100所示。

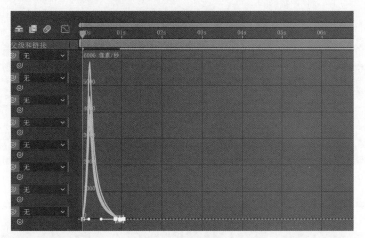

图 5-100　曲线变化

通过对曲线编辑器的调整,可使动画更有节奏感。在视频后期制作中,节奏感是必不可少的,它影响着整个影片的观影体验。

第4步:添加蒙版遮罩效果。

(1)选中所有字符图层,按Ctrl+Shift+C组合键,建立预合成,命名为"字符",如图5-101所示。

(2)按Ctrl+Y组合键,新建一个白色的纯色图层,并将其移动至字符图层下方,如图5-102所示。

(3)单击白色图层,选择"蒙版遮罩"的"Alpha反转遮罩"选项,字符中不再显示白色图层,如图5-103所示。

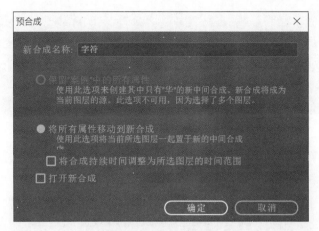

图 5-101　建立预合成

图 5-102　建立纯色图层

图 5-103　添加 Alpha 反转遮罩效果

（4）将字符图层移动至 1 秒处，使其延迟出现，如图 5-104 所示。

图 5-104　字符图层调整

第 5 步：为视频添加动画效果。

（1）单击选择白色纯色图层，按快捷键 S 键打开"缩放"属性，将时间轴移动至 1 秒处，添加关键帧。再将时间轴移动至 0 秒处，"缩放"参数值更改为 0.0，即可实现缩放动画，如图 5-105 所示。

258

图 5-105　添加缩放动画 1

（2）选中两个关键帧，单击鼠标右键，选择"关键帧辅助"→"缓动"命令，打开图表编辑器 ，添加一个由快到慢的动画效果，如图 5-106 所示。

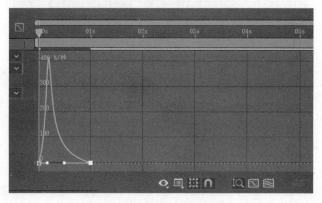

图 5-106　调整图表编辑器

（3）同理，给图片素材添加一个相同的缩放动画效果，如图 5-107 所示。

图 5-107　添加缩放动画 2

（4）将时间轴移动至最后一帧的位置，同时选中三个图层，按 Ctrl＋Shift＋C 组合键，建立预合成，命名为"段落 1"，如图 5-108 所示。

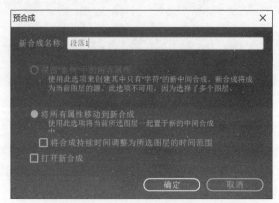

图 5-108　建立预合成

（5）如果只需保留时间轴前段部分的动画，而将后段部分的内容删除，可先选中图层，再按 Alt＋) 组合键，即可将其删除，如图 5-109 所示。

图 5-109　调整预合成

（6）按 Ctrl＋D 组合键复制该图层。选中复制出的图层，单击鼠标右键，选择"时间"→"时间反向图层"命令，可以使图层反向，即倒着播放一遍。再将该图层衔接至第一个图层之后，如图 5-110 所示。

图 5-110　合成的设置

（7）将时间轴移动至视频最后一帧，按快捷键 N 键，工作区域自动缩小至此处，此时无论是播放还是渲染，都只对工作区域内的内容执行操作，如图 5-111 所示。播放预览，就是一段完整的动画了。

图 5-111　工作区域调整

第 6 步：为视频添加背景音乐。

（1）单击选择"文件"→"导入"→"文件"命令，选择准备好的音乐素材，将音乐素材移动至工作面板，如图 5-112 所示。

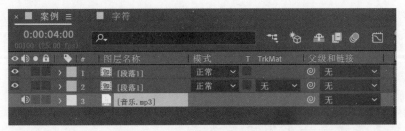

图 5-112　导入音乐素材

（2）单击打开音乐素材图层，显示音乐波形，适当移动调整图层的位置，使音乐配合动画的播放，如图 5-113 所示。

对视频进行播放预览。运用蒙版遮罩的功能，需要举一反三，充满想象力，可以制作出更多丰富精彩的画面。

第5章　Adobe After Effects影视后期

图 5-113　调整背景音乐

微课视频

5.5　基础特效制作

5.5.1　文本特效——文字摆动效果

第1步：新建合成，新建纯色，添加文字"为人民服务"，如图 5-114 所示。

图 5-114　新建合成，添加文字

第2步：单击打开文字图层，选择"文本"→"动画"选项，选择"位置"与"缩放"选项，如图 5-115 所示。

第3步：将"位置"参数更改为 20.0，"缩放"参数更改为 75.0，如图 5-116 所示。

第4步：选择"添加"→"选择器"→"摆动"命令，如图 5-117 所示，即可完成文字摆动动画的制作，如图 5-118 所示。

5.5.2　文本特效——书写文字效果

微课视频

第1步：新建合成，新建纯色，添加文字，如图 5-119 所示。

第2步：选中文字图层，选择菜单栏"效果"→"生成"→"描边"命令，如图 5-120 所示。

第3步：单击工具栏的"钢笔工具" ，依据日常写字笔画顺序进行描边绘制。由于在写字时，每一个笔画会中断，故每结束一笔描边，需要单击图层进行中断，如图 5-121 所示。

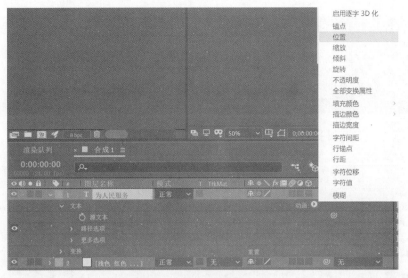

图 5-115　添加文字动画 1

图 5-116　添加文字动画 2

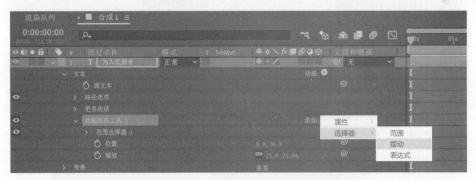

图 5-117　添加文字动画 3

图 5-118　文字摆动动画效果

第5章　Adobe After Effects影视后期

262

图 5-119   新建合成,添加文字

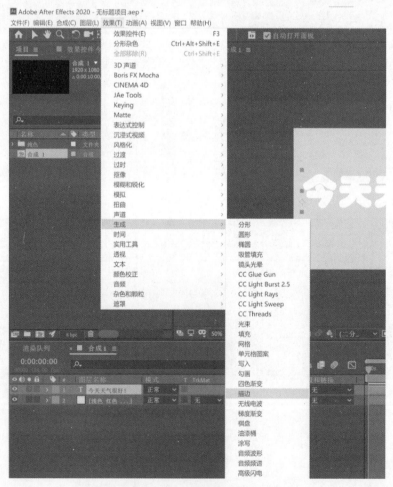

图 5-120   添加描边效果

图 5-121　文字描边

第 4 步：完成文字描边后，在"效果控件"面板的"描边"属性中，根据动画需要调整描边的属性，勾选"所有蒙版"复选框，"绘画样式"选择"显示原始图像"选项，将"画笔大小"参数更改为 40.0，"画笔硬度"参数更改为 100%，如图 5-122 所示。

图 5-122　文字描边属性调整

第 5 步：制作书写的关键帧动画。将时间轴移动至 0 秒处，添加关键帧，将 ⏱ 结束 属性的参数更改为 0，如图 5-123 所示。

图 5-123　关键帧制作 1

第 6 步：将时间轴移动至 3 秒处，将 ⏱ 结束 属性的参数更改为 100.0，如图 5-124 所示。完成书写文字效果的制作，如图 5-125 所示。

图 5-124　关键帧制作 2

图 5-125　书写文字动画效果

5.5.3　文本特效——文字掉落效果

第 1 步：制作文字掉落效果需要使用 Newton 力学插件。复制 Newton 插件文件夹，将其粘贴到 AE 安装目录下的 Support Files\Plug-ins 文件夹中，再重启软件。安装成功后，在菜单栏中选择"合成"命令，即可以找到 Newton 插件，如图 5-126 所示。

第 2 步：新建合成(尺寸为 1000px×1000px，时长 5s)，新建纯色背景，颜色可自定义，如图 5-127 所示。

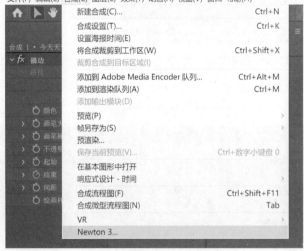

图 5-126　安装 Newton 插件

图 5-127　新建合成

第 3 步：添加文字，为方便后期动画效果的调整，不同的文字置于不同的图层，再分别调整其大小、角度、位置、颜色等属性，完成文字的基本布局，如图 5-128 所示。

第 4 步：为丰富动画效果，还可以添加一些形状图层作为点缀装饰，如图 5-129 所示。

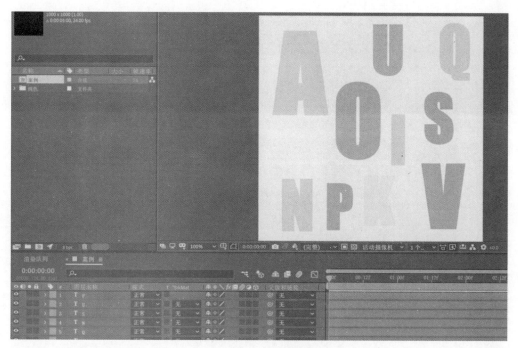

图 5-128　文本添加

第 5 步：调整所有文字和形状图层的位置，将其向上移动，直至移出舞台，如图 5-130
所示。

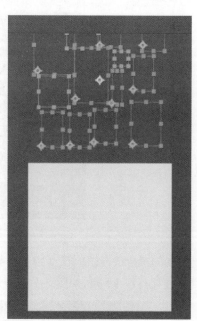

图 5-129　添加形状图层　　　　　　　　　　　图 5-130　移出舞台

第 6 步：为制作出文字碰撞掉落的效果，需要在画面中模拟墙壁效果，使其碰到墙壁后
自然掉落。选择"矩形工具"绘制矩形，模拟作为墙壁，如图 5-131 所示。

第 7 步：为避免背景图层的干扰，应先隐藏纯色背景图层，再选择"合成"→Newton 3…

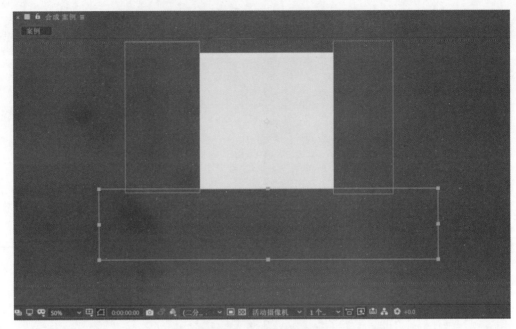

图 5-131　模拟墙壁效果

命令,打开 Newton 力学插件。选中所有墙壁图层,在 Type 选项中选择 Static,如图 5-132 所示。

N³ Newton - Untitled Project - 案例

Newton　File　Edit　Panel　Help
Body Properties　　　　　　　　　　　　　x
General Advanced
Type:　　　　　　　　Static
Density:　　　　　　　1.0　　　　　·　x　◆
Friction:　　　　　　0.5　　　　　·　x　◆
Bounciness:　　　　　0.3　　　　　·　x　◆
Color:　　　　　　　　　　　　　　·　x
Mesh Precision:　　　2　　　　　·
Velocity Magnitude: 0.0　　　　·　x　◆
Velocity Direction: 0.0　　　　·　x　◆
Angular Velocity:　 0.0　　　　·　x　◆
Linear Damping:　　 0.0　　　　·　x　◆
Angular Damping:　　0.0　　　　·　x　◆
AEmatic Damping:　　0.5　　　　·　x　◆
AEmatic Tension:　　1.0　　　　·　x　◆

图 5-132　Newton 力学插件设置 1

第 8 步:单击"播放"按钮 ▶ 预览碰撞掉落的效果。将 End Frame 参数值更改为 90 帧,整个动画过程持续 90 帧,如图 5-133 所示。

图 5-133　输出设置

第9步：单击Render按钮，渲染动画，完成文字碰撞掉落效果的制作，如图5-134所示。

图 5-134 文字碰撞掉落效果

5.5.4 制作动态 GIF 表情

本节应用 AE 制作动态 GIF 表情包。表情包是现代网络社交的利器，制作动态表情主要使用"操控点"工具来实现。

第1步：准备表情素材。

制作动态 GIF 表情前，预先准备好静态的图像素材。一般可以应用 Photoshop 软件进行绘制，也可以先选用网络素材进行练习。本案例将选用一幅卡通小猫素材进行操作。

第2步：新建合成，导入素材。

（1）单击选择"文件"→"导入"→"文件"命令，将已准备好的 PSD 素材文件导入 AE，"导入种类"选择"合成-保持图层大小"选项，再单击"确定"按钮，如图5-135所示。

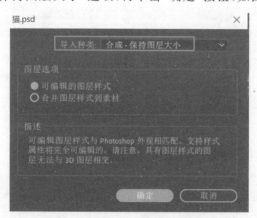

图 5-135 导入素材

（2）单击选择"合成"→"新建合成"命令，将合成命名为"表情包"。由于表情包需要上传至互联网，为便于传播，一般将大小控制在 1MB 以内，常用的尺寸大小为 240px×240px。本案例的合成尺寸设置为 240px×240px，时间设置为 3s，单击"确定"按钮，如图5-136所示。

（3）将已导入的 PSD 格式素材移动至工作区域，并适当调整其大小，如图5-137所示。

第3步：设置"操控点"。

（1）人类和动物都是基于关节进行活动。所以，一般在制作动画时，会将操控点设置在关节处，即连接两个部位的中间点。选择工具栏中的"操控点工具"，分别在小猫的头部、腰腹、膝盖关节处、脚踝处、尾巴处单击，分别添加操控点，如图5-138所示。

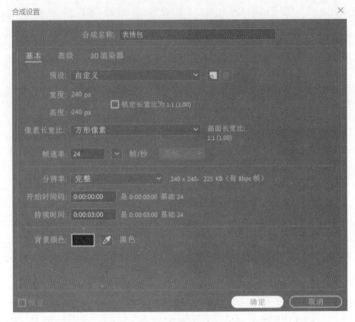

图 5-136　新建表情包合成

图 5-137　调整素材

图 5-138　添加操控点

(2) 打开"操控点"→"网格 1",将"扩展"更改为 2.0。再展开"变形"属性,可以看到之前设置的 7 个操控点,如图 5-139 所示。

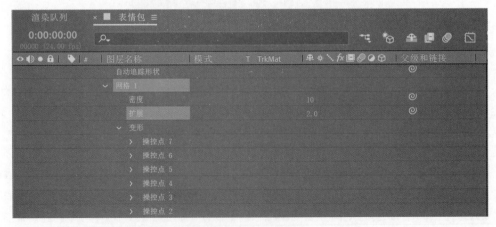

图 5-139　添加操控点

第4步：制作"操控点"动画。通过改变操控点的坐标位置,实现关节运动的效果。

(1) 腰腹一般是运动中的关键点。先选择腰腹的操控点,即操控点2,打开操控点2。在时间轴的第1帧,将操控点2向左移动;在第10帧,将操控点2向右移动;在第20帧,把第1帧复制过来。这样腰腹动画包含3个关键帧,如图5-140所示。

图5-140　制作腰腹动画

(2) 打开左腿膝盖处的操控点3。第1帧适当向左移动;中间帧,向右移动;最后一帧,把第1帧复制过来。这样左腿的动画就完成了,如图5-141所示。同理,制作右腿的动画。

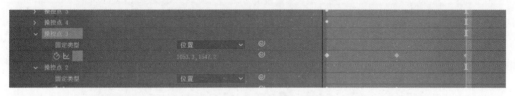

图5-141　制作左腿动画

(3) 运用相同的方法制作操控点7即尾巴左右摇摆的动画效果,如图5-142所示。

图5-142　制作尾巴动画

(4) 将时间轴移动至最后一个关键帧,按快捷键N键,工作区自动缩减至第3帧,预览动画效果。

第5步：输出动态GIF表情。

(1) 按Ctrl+M组合键,打开渲染窗口,选择"输出模块",设置"格式"为QuickTime,"通道"为RGB+Alpha。只有在RGB+Alpha通道下,才能输出背景透明的GIF动画,如图5-143所示。单击"渲染"按钮,等待渲染完成。

(2) 渲染完成后,还需使用Photoshop软件,将动态表情转换为更通用的GIF格式文件。打开Photoshop,选择"文件"→"导入"命令,导入动态表情视频,如图5-144所示。需要注意的是,计算机必须同时安装QuickTime软件,才能将MOV格式的视频文件导入Photoshop。

269

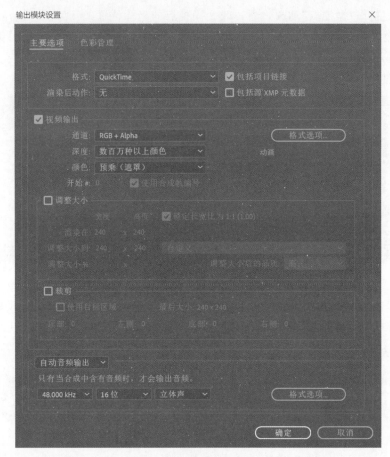

图 5-143　输出模块设置

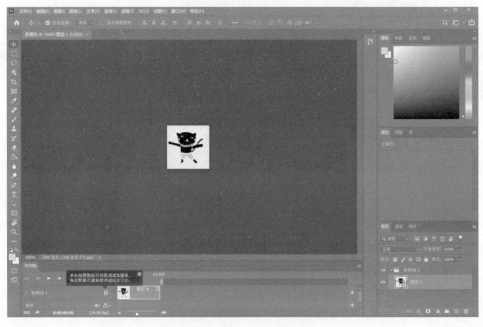

图 5-144　导入 Photoshop 软件

（3）选择"文件"→"导出"→"存储为 Web 所用格式"命令或直接按 Alt＋Ctrl＋Shift＋S 组合键，打开"存储为 Web 所用格式"对话框，优化的文件格式选择 GIF，"颜色"为 256，颜色值越大，色彩越丰富，相应的文件容量也越大。动画的"循环选项"建议选择"永远"，保证动画能循环播放。用户可根据实际需要选择合适的参数，才能制作出满意的动态 GIF 表情。最后，单击"存储"按钮，保存 GIF 文件，如图 5-145 所示。

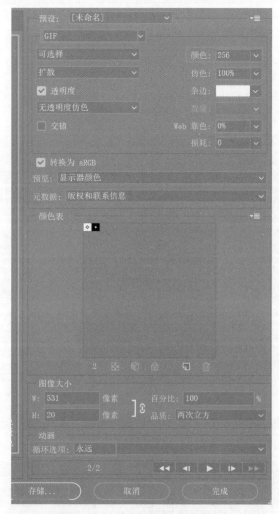

图 5-145　存储为 Web 所用格式

5.6　转场镜头的制作

5.6.1　转场镜头概述

　　镜头是构成影片的最小单位，一个完整的影片由许多镜头组接在一起形成序列，从而形成一部影片。在一部影片中，镜头之间的转换常需要添加转场过渡效果。"转场"也称场面转换，是指从一个场景转换到下一个场景的过程。就像舞台剧中的幕、文章中的分段叙述一样，用来划分故事的章节。对于影片来说，转场的目的在于转换时空，分割不同的场面，或为增强故事的时间性和连贯性,通过添加转场可使影片叙述更流畅,条理更清晰,画面更自然。

通常,以下三种情况需要添加转场:表现场景的转换、时间的变化、情节自然段落的结束。常用的转场方式可分为两大类:一类是利用特技来转换,适用于较大段落的转换或影片中需要形成明显段落层次的情节;另一类是无技巧的转场,不需要精湛的技术,预先制作好合适的场景镜头,置于影片的转折处切换即可。无技巧转场需要寻找合理的转换因素和适当的造型因素,使之具有视觉的连贯性,才能达到自然流畅的转场效果。本节主要介绍果冻缩放转场、拉镜头转场和水滴转场三种技巧转场方式。

微课视频

5.6.2 果冻缩放转场

第1步:准备一段视频或几张图片素材,建立合成,导入素材。打开 AE,导入素材,并建立基于素材形成的合成,如图5-146所示。

图 5-146 新建合成

第2步:将视频或图片素材分为不同的片段,计划在各片段之间添加一个果冻缩放的转场效果,也称为弹性缩放效果,如图5-147所示。

图 5-147 素材分段

第3步:果冻缩放效果制作。

(1)将时间轴移动至第2段素材的初始位置,按快捷键 P 键打开位置属性,将 Y 轴坐标值更改为 300.0,添加关键帧,如图5-148所示。

(2)按两次 Page Down 键,即向后移动两帧,将 Y 轴坐标值更改为 630.0,如图5-149所示。

图 5-148　缩放效果制作 1

图 5-149　缩放效果制作 2

（3）将时间轴再向后移动 4 帧，将 Y 轴坐标值更改为 450.0，如图 5-150 所示。

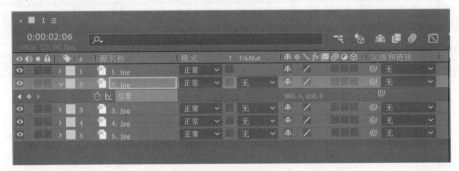

图 5-150　缩放效果制作 3

（4）将时间轴再向后移动 6 帧，将 Y 轴坐标值更改为 540.0，如图 5-151 所示。

图 5-151　缩放效果制作 4

预览视频观察，画面出现了抖动现象，且出现了一条黑边，如图 5-152 所示。接下来，通过动态拼贴功能解决黑边问题。

第 4 步：添加动态拼贴效果。

（1）在"效果和预设"面板中，将"动态拼贴"效果移动至第 2 个视频素材上，如图 5-153 所示。

图 5-152　预览效果 1

　　(2) 调整"动态拼贴"的属性,"输出宽度"为 200.0,"输出高度"为 200.0,并勾选"镜像边缘"复选框,如图 5-154 所示。再次预览观察,画面中的黑边已经消失了,如图 5-155所示。

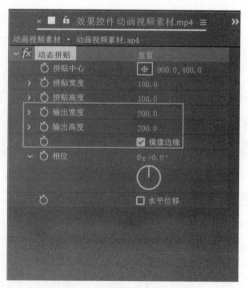

图 5-153　添加动态拼贴效果　　　　　　图 5-154　调整动态拼贴属性

图 5-155　预览效果 2

第 5 步：添加缩放效果，进一步改善动画效果。

（1）选中第 2 个视频素材，按快捷键 S 键打开缩放。在初始位置，将"缩放"参数更改为 170.0，添加关键帧，如图 5-156 所示。

图 5-156　缩放动画制作 1

（2）将时间轴移动至第 2 段视频素材的中间位置，"缩放"参数调整为 100.0，添加关键帧，如图 5-157 所示。

图 5-157　缩放动画制作 2

（3）将时间轴移动至第 2 段视频素材末尾处，"缩放"参数调整为 170.0，添加关键帧，如图 5-158 所示。

图 5-158　缩放动画制作 3

276

（4）选中所有缩放关键帧，打开图表编辑器。选中所有曲线，单击右下角"缓动"图标 ，添加缓动效果，变成一根平滑曲线，如图 5-159 所示。

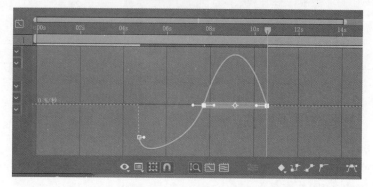

图 5-159　添加缓动效果

（5）选中左侧两帧，移动至图表的最左边；再选中右侧两帧，移动至图表的最右边，生成如图 5-160 所示的曲线。预览观察，动画增加了速度变化的效果，开始速度由快到慢，结束速度从慢到快。

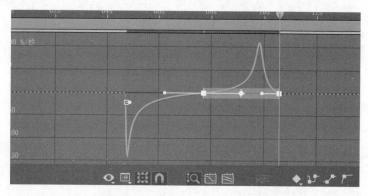

图 5-160　添加加速度动画效果

（6）将制作好的所有关键帧，复制并粘贴至其他视频素材，即可完成各段落间的果冻缩放转场效果。

5.6.3　拉镜转场

第 1 步：准备素材，建立合成。

（1）在 AE 中建立 1920px×1080px 的合成，准备两张图片或两段视频素材，导入合成。

（2）调整素材至合适的大小，并前后排列，如图 5-161 所示。

第 2 步：添加动态拼贴效果。

（1）在"效果和预设"面板中，选择"动态拼贴"，并添加应用于两个素材，如图 5-162 所示。

（2）调整"动态拼贴"属性，"输出高度"为 300.0，"输出宽度"为 300.0，并勾选"镜像边缘"复选框，如图 5-163 所示。

第 3 步：制作转场镜头。

（1）将时间轴调至开始转场的位置，选择第一个素材图层，按快捷键 P 键打开位置属性，并添加关键帧，如图 5-164 所示。

图 5-161　建立合成

图 5-162　添加动态拼贴效果

图 5-163　调整动态拼贴属性

图 5-164　转场动画制作 1

（2）在第二个素材出现的前一帧，更改 Y 轴或 X 轴的参数值。一般，只改动一个参数，且参数值更改为加上或者减去合成尺寸的一半。例如，合成大小为 1920px×1080px，则 Y 轴数值为 Y＝540＋1080÷2＝1080，如图 5-165 所示。为保证转场的运动趋势保持一致，应保持 Y 轴或 X 轴参数值的增长或减小趋势一致。

第5章　Adobe After Effects影视后期

图 5-165　转场动画制作 2

(3) 将时间轴移动至第二张素材的第 1 帧,按快捷键 P 键打开位置属性,添加关键帧,并把该关键帧移动至转场的结束位置,如图 5-166 所示。

图 5-166　转场动画制作 3

(4) 由于转场前半段 Y 轴参数值逐渐增加,故后半段参数值也应逐渐增加。转场结束时 Y 轴参数值为 540.0,故将第 1 帧 Y 轴参数值更改为 0.0,如图 5-167 所示。转场效果初步完成,为使转场具有更好的效果,还需对细节做进一步调整。

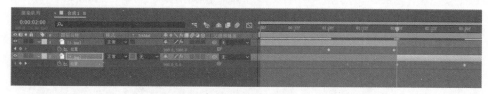

图 5-167　转场动画制作 4

第 4 步:调整转场动画的细节。

(1) 选中所有关键帧,右击选择"关键帧辅助"→"缓动"命令,打开图表编辑器,如图 5-168 所示。

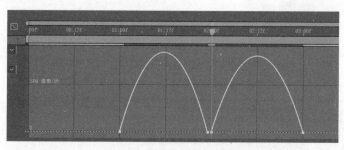

图 5-168　打开图表编辑器

(2) 将第二张素材图片的关键帧摇杆向右拉动,实现速度从慢到快的动画效果,如图 5-169 所示。

(3) 与第二张素材图片相反,第一张素材的关键帧摇杆应向左拉动,如图 5-170 所示。

(4) 单击 图标,打开图层的运动模式,如图 5-171 所示。

(5) 打开"合成"→"合成设置"→"高级",在"合成设置"对话框中,将"快门角度"更改为180°,如图 5-172 所示。快门角度越大,模糊程度也越大。

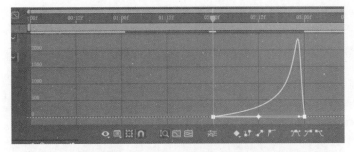

图 5-169　调整图表编辑器 1

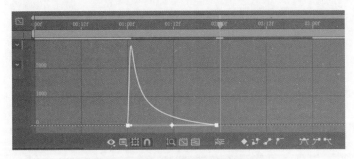

图 5-170　调整图表编辑器 2

图 5-171　运动模式

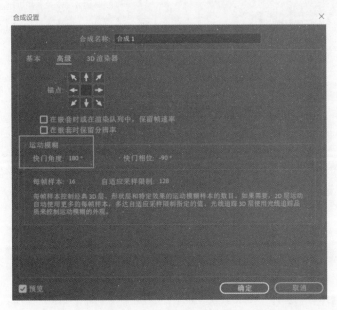

图 5-172　合成设置调整

280

预览视频,位移拉镜转场效果就出现了,如图 5-173 所示。若要使位移拉镜效果更加顺畅自然,可以再添加缩放动画,具体操作方法与位移动画相同。

图 5-173　位移拉镜转场效果

微课视频

5.6.4　水滴转场

第 1 步:新建合成,导入网络视频素材,裁切多余的镜头画面,得到一段从上往下慢慢运动的航拍镜头,如图 5-174 所示。

图 5-174　导入素材,新建合成位

第 2 步:添加水滴效果。

(1) 按 Ctrl+D 组合键复制一个图层,如图 5-175 所示。

(2) 选中上方图层,选择"效果"→"扭曲"→CC Lens 命令,添加水滴效果,如图 5-176所示。

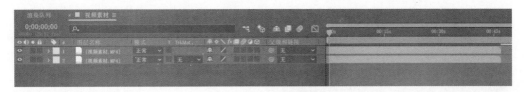

图 5-175　复制图层

（3）在"效果控件"面板中，打开 CC Lens 属性，调整水滴大小 Size 为 120.0，并添加关键帧，如图 5-177 所示。

图 5-176　添加水滴效果

图 5-177　制作水滴动画 1

（4）在视频结束处，将水滴大小 Size 参数设置为 0.0，并添加关键帧，如图 5-178 所示，实现水滴由大变小的动画。

图 5-178　制作水滴动画 2

第 3 步：水滴动画细节调整。

（1）由于水滴垂直下落是有加速度的，故在视频 2/3 处，添加关键帧，并将此关键帧向前移动至 1/6 处，如图 5-179 所示，加快了该关键帧的移动速度，实现水滴下落的基本效果。

图 5-179　水滴细节调整 1

（2）选中第一个图层，添加"湍流置换"效果，使水滴看起来更真实。在"效果和预设"面板中选择"扭曲"→"湍流置换"，将其添加到图层素材。在"效果控件"面板中，将"湍流置换"属性的"数量"更改为 15.0，如图 5-180 所示。

（3）为使水滴具有运动效果,需要对"演化"制作关键帧动画。"演化"是指从一个状态到另一个状态的变化。打开 CC lens 的属性,选择"演化"属性,在演化开始时添加关键帧,将参数值设置为 0x+0.0°,如图 5-181 所示。

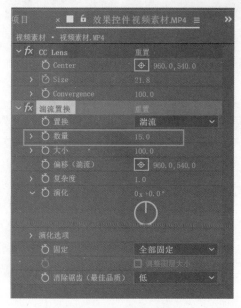

图 5-180　水滴细节调整 2

图 5-181　水滴细节调整 3

（4）在演化结束时,将参数值更改为 0x+120.0°,如图 5-182 所示。

图 5-182　水滴细节调整 4

为使水滴下落的效果更加真实,还可以模拟水滴下落时的虚化效果,即焦点对准水滴时,背景适当虚化模糊;焦点对准背景时,水滴适当模糊。为模拟出这种真实效果,需要添加"高斯模糊"效果做进一步操作。

第 4 步：模拟模糊虚化效果。

（1）在"效果和预设"面板中,选择"高斯模糊"效果,分别应用于两个素材,如图 5-183 所示。

（2）当水滴出现时,即水滴刚占满整个画面时,"高斯模糊"的"模糊度"添加关键帧,将开始关键帧的"模糊度"设置为 0.0,如图 5-184 所示。

图 5-183　高斯模糊制作 1

图 5-184　高斯模糊制作 2

（3）选中背景素材的"高斯模糊"属性，添加关键帧，将背景的"模糊度"更改为 20.0，如图 5-185 所示，即可模拟出镜头拍摄的效果，实现主体清晰、背景模糊虚化的视觉效果。

图 5-185　高斯模糊制作 3

（4）时间轴向后移动至 5 秒左右，将第一个素材"高斯模糊"效果的"模糊度"调整为 20.0，如图 5-186 所示。

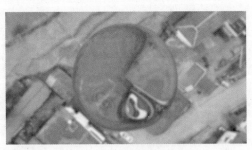

图 5-186　高斯模糊制作 4

（5）将背景素材"高斯模糊"效果的"模糊度"调整为 0.0，如图 5-187 所示。

图 5-187　高斯模糊制作 5

（6）复制关键帧，并依次向后移动，背景图层也做相应的操作。预览视频效果，当镜头前景清晰时，背景模糊虚化；当前景模糊时，背景画面清晰。用户也可以用此转场镜头来衔接前后视频。

5.7　AE 成片综合设计

5.7.1　AE 成片综合设计实例分析

创作一个完整的 AE 成片，需要做一系列的工作，包括确定作品主题、内容设计、动画特效前期设计、收集拍摄素材、AE 动画特效制作、视频合成、背景音乐合成和渲染输出等流程。接下来,通过一个案例来分析并演示 AE 成片的综合设计。

1. 确定主题和内容,准备素材,开展动画特效的前期设计

制作一个科技光感的学校宣传短片,选用校园建筑的航拍素材作为本案例的视频素材,主要使用描边功能实现科技感的光线特效。

2. 动画和特效的制作

(1)打开 AE,导入学校视频素材,并建立一个基于该素材形成的合成,如图 5-188 所示。

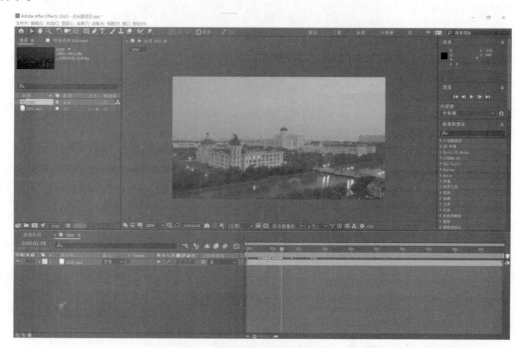

图 5-188　新建合成

(2)这是一段延时摄影的视频素材。由于镜头一直在运动,先对视频进行跟踪,便于新加入的元素配合摄像机的运动,即随着视频的运动而变化。使用 3D 摄像机可以进行跟踪,选择"效果和预设"→"3D 摄像机跟踪器"选项,并添加至视频素材,将进行自动分析,如图 5-189 所示。

(3)3D 摄像机跟踪完成后,视频素材会自动生成一些点,利用这些点可以建立一条地平线,如图 5-190 所示。

图 5-189　3D 摄像机跟踪器

图 5-190　建立地平线

（4）形成了一个水平地面后，右击，新建一个实底和摄像机，如图 5-191 所示。

图 5-191 新建实底和摄像机

（5）选择左侧建筑上的点，右击，旋转"创建空白"命令，以便后续添加其他元素，如图 5-192 所示。

图 5-192 创建空白对象 1

（6）使用同样的操作方法，在右侧的建筑上建立一个空白对象，如图 5-193 所示。

图 5-193 创建空白对象 2

（7）单击选择空白对象，按快捷键 P 键，发现位置的参数值比较大，若后期匹配其他元素，元素加入后，则会显得特别小。所以，需要调整位置参数值。右击，在快捷菜单中选择"新建"→"空对象"命令，勾选 🟦 图标使其成为三维图层，并将摄像机相关图层绑定于空对象，如图 5-194 所示。

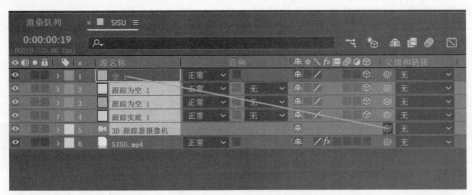

图 5-194 创建父子关系

（8）选择空对象，按快捷键 S 键打开缩放属性，将参数值更改为 5.0，并删除空对象，如图 5-195 所示。

图 5-195　修改空对象属性

（9）此时，摄像机相关图层的参数已经变得很小，且仍旧跟着摄像机进行运动，方便后期素材的添加，如图 5-196 所示。

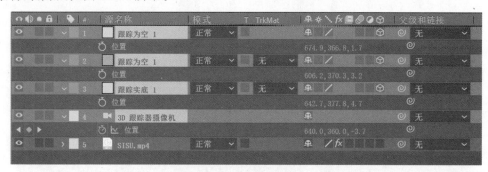

图 5-196　摄像机属性变化

（10）为制作出充满科技感的光线，需先对建筑进行描边绘制。可以根据建筑的结构来进行描边，再通过线条的生长展现出科技感。需要应用图形工具和钢笔工具进行描边，"描边"设置为 3px，颜色更改为蓝色即可，如图 5-197 所示。

图 5-197　描边设置

（11）使用矩形工具绘制一个矩形，并勾选为"三维图层"，此时发现矩形已消失。只需将右侧空对象的位置复制给它，矩形即能重新显现，如图 5-198 所示。

图 5-198　形状图层位置设置

（12）将中心点调整至矩形的中心，再观察，矩形跟随摄像机运动。删除矩形，准备下一步建筑的描边绘制。

（13）在该形状图层，使用"钢笔工具"进行描边绘制，绘制完一条线后，按住 Ctrl 键单击空白处，即可重新进行下一个绘制。同时，需将图层处的"叠加模式"更改为"相加"，如图 5-199 所示。

图 5-199 描边绘制

（14）为方便后续动画的制作，新建一个图层绘制左侧建筑，按 Ctrl+D 组合键复制图层；删除图层中上一步绘制的线条，继续绘制左边建筑，如图 5-200 所示。

图 5-200 复制描边图层

（15）使用相同的操作方法，对整个建筑进行描边绘制。为使动画效果更加丰富生动，可在描边时多分几个图层，直至完成所有的描边，如图 5-201 所示。

（16）接下来，给建筑覆盖一层颜色。新建一个蓝色纯色层，单击 图标打开三维图层，将空对象 1 的位置复制给它，移动蓝色纯色层位置，可以进行旋转，如图 5-202 所示。

（17）单击 图标，隐藏蓝色纯色图层；使用"钢笔工具"，将建筑轮廓勾勒出来，如图 5-203 所示。

（18）单击 图标，将蓝色纯色图层显示，并将图层的模式更改为"叠加"，这样颜色就

图 5-201　描边效果

图 5-202　添加建筑颜色

图 5-203　勾勒建筑轮廓

成功添加了,如图 5-204 所示。

　　若蓝色背景在运动过程中,位置有所偏移,可以通过对蒙版添加关键帧的方式,调整其运动位置;若位置无偏移,则可省去这一步。浏览画面,建筑已经具有初步的科技光感效果。

图 5-204 建筑颜色叠加

（19）再对建筑的线条添加动画效果，使用图形工具组中的"修剪路径工具"，打开图层，选择内容，添加一个修剪路径，如图 5-205 所示。

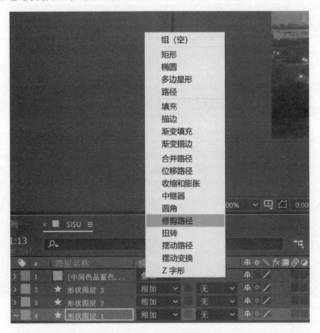

图 5-205 添加修剪路径

（20）路径修剪中的同时属性更改为"单独"，再进行关键帧动画的制作，结束值设置为100.0，开始值设置为0.0，如图 5-206 所示，一个线条生长的动画就完成了。

（21）使用相同的操作方法，将其他图层的生长动画逐一实现。待全部完成后，按快捷键 U 键显示所有关键帧并对其进行错落排布，使生长动画具有延迟错落感。选中所有关键帧，添加"缓动"，可使运动速度更加自然流畅，如图 5-207 所示。

（22）最后给所有绘制的线条，添加发光效果。选择"效果和预设"→Real glow 命令，添加至图层，根据实际需要适当调整参数。再将这个光效复制给其他图层，就完成了光效的添加，实现科技光感建筑特效的制作，如图 5-208 所示。

图 5-206　线条生长动画

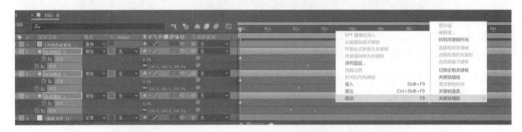

图 5-207　线条生长动画调整

图 5-208　科技光感建筑特效效果

3. 在 AE 中合成背景音乐

（1）导入准备好的音乐素材，并将音乐素材移动至工作面板，如图 5-209 所示。

图 5-209　导入音乐素材

　　（2）单击打开音乐素材图层，显示音乐波普。适当移动该图层的位置，使音乐配合动画即可，如图 5-210 所示。

图 5-210　调整音乐素材

5.7.2　AE 成片的渲染与输出

1. 视频渲染与输出

视频作品制作完成后，就可以进入最后一步操作——视频的渲染输出。选择"文件"→"导出"→"添加到渲染队列"命令，把视频添加入渲染队列，组合键为 Ctrl+M，如图 5-211所示。

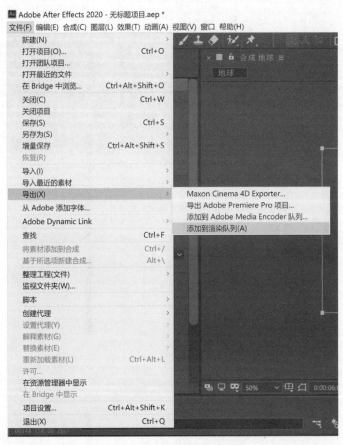

图 5-211　添加到渲染队列

在弹出的对话框中，对视频进行渲染设置。单击"输出模块"，弹出"输出模块设置"对话框，将输出视频格式更改为 QuickTime，QuickTime 是最常用的视频格式之一，单击"确定"按钮，如图 5-212 所示。

单击"输出到"按钮，弹出"将影片输出到"对话框，选择输出的文件夹并更改文件名称，再单击"保存"按钮，完成输出设置，如图 5-213 所示。

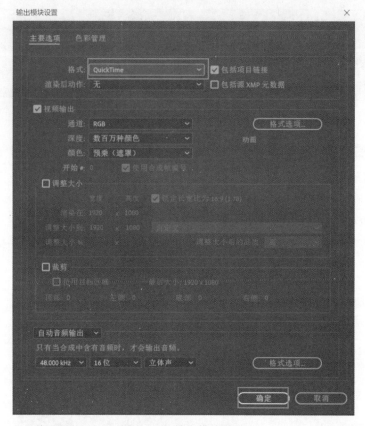

图 5-212　输出模块设置

图 5-213　输出位置设置

最后,单击"渲染"按钮,完成视频的渲染和输出。其中,蓝色进度条表示渲染的进度。

2. 视频格式的转换

使用 QuickTime 格式渲染输出的视频文件为 MOV 格式。如果需要将其转换为其他视频格式,可以应用格式工厂等软件,进行视频格式的转换或视频的压缩。

附 录A　彩色插图

扫描二维码,查看彩色插图。

彩色插图

图 书 资 源 支 持

感谢您一直以来对清华版图书的支持和爱护。为了配合本书的使用,本书提供配套的资源,有需求的读者请扫描下方的"书圈"微信公众号二维码,在图书专区下载,也可以拨打电话或发送电子邮件咨询。

如果您在使用本书的过程中遇到了什么问题,或者有相关图书出版计划,也请您发邮件告诉我们,以便我们更好地为您服务。

我们的联系方式:

清华大学出版社计算机与信息分社网站: https://www.shuimushuhui.com/

地　　址: 北京市海淀区双清路学研大厦 A 座 714

邮　　编: 100084

电　　话: 010-83470236　010-83470237

客服邮箱: 2301891038@qq.com

QQ: 2301891038(请写明您的单位和姓名)

资源下载: 关注公众号"书圈"下载配套资源。

资源下载、样书申请

书圈

图书案例

清华计算机学堂

观看课程直播